DOODLE

Andreas Werner

DOODLE

Impressum
Copyright © 2012 by Cadmos Verlag, Schwarzenbek
Gestaltung und Satz: Ravenstein und Partner, Verden
Titelfoto: Neddens-Tierfoto
Fotos: Neddens-Tierfoto
Lektorat: Johanna Esser
Druck: Westermann Druck, Zwickau

Deutsche Nationalbibliothek – CIP-Einheitsaufnahme
Die Deutsche Nationalbibliothek verzeichnet diese Publikation in der
Deutschen Nationalbibliografie; detaillierte bibliografische Daten sind im
Internet über http://dnb.ddb.de abrufbar.

Printed in Germany

ISBN 978-3-8404-2812-8

INHALT

Vorwort

Liebe Leserin, lieber Leser,

gerne möchte ich die Gelegenheit nutzen, um mich Ihnen an dieser Stelle kurz vorzustellen. Mein Name ist Andreas Werner. Ich bin 1969 in Goslar geboren und bereits von Kindesbeinen an ein großer Hundefreund. Schon immer übten Hunde eine große Faszination auf mich aus. So begleitete ich schon früh meinen Vater auf Ausstellungen, der sich der Zucht von Bullterriern und Mastino Napoletanos verschrieben hatte. 1984 fand in unserer Ortschaft Lautenthal eine kleine Ausstellung des Deutschen Teckelclubs statt. Von diesem Zeitpunkt an begeisterten mich die vielfältigen Möglichkeiten, die eine einzige Rasse zu bieten hat. Auch den Teckel gibt es – wie den Doodle – in drei unterschiedlichen Größen und verschiedenen Felltypen.

Tagessieger dieser Show wurde ein Weltsieger-Rüde, der nur per Zufall überhaupt auf dieser Zuchtschau gezeigt wurde. Dieses Erlebnis war für mich ausschlaggebend, mir von meinem Taschengeld eine Tochter dieses Rüden zu kaufen. Mit dieser Hündin startete ich nun meine eigene Zucht.

1985 begann ich eine Lehre in einem Garten-Center mit angeschlossener Zooabteilung. Hier wurde der Grundstein für meine weitere berufliche Zukunft gelegt. Noch während meiner Bundeswehrzeit eröffnete ich 1992 ein Heimtierfachgeschäft inklusive Hundesalon und hatte so die Möglichkeit, mich neben meiner Arbeit der Zucht von Hunden zu widmen. Da ich Anfang der neunziger Jahre dann bereits den Retriever für mich entdeckt hatte, gründete ich zu dieser Zeit die Zuchtstätte „Dogs of Golden Kennel".

Durch einen glücklichen Zufall arbeitete damals eine der erfolgreichsten Pudelzüchterinnen –

Ein zweijähriger Labradoodle-Rüde mit der Farbe „Blue".

Karin Hoffmann (Zwinger „le Papillon") – in meinem Hundesalon. So kam ich dem Pudel Stück für Stück näher und lernte diesen, neben den Retrievern, immer mehr zu schätzen.

Bereits im Jahr 2000 erfuhr ich, dass seit 1985 in Australien meine beiden Lieblingsrassen gekreuzt wurden, um gezielt einen Hund für eine sehbehinderte Frau zu züchten. Dieser Hund sollte der Frau nicht nur als Hilfshund im täglichen Leben zur Seite stehen, sondern auch über die Eigenschaft verfügen, für Allergiker geeignet zu sein. Von nun an verfolgte ich die Berichte zu dieser gezielten Kreuzung mit großem Interesse. Zu diesem Zeitpunkt war ich jedoch noch überzeugter Rassehundzüchter und hätte nie daran gedacht, die beiden Rassen zu kreuzen. Dennoch hatte ich schon des Öfteren bei meinen Züchterkollegen angesprochen, dass die beiden Rassen sich gut ergänzen könnten.

Je mehr ich mich also mit dem Thema Doodle beschäftigte und erfuhr, was für großartige Erfolge diese Hunde in unterschiedlichen Bereichen erzielten (zum Beispiel als Therapiehunde), desto begeisterter war ich von dieser Kreuzung. Zunehmend zog mich das Thema „Doodle" in seinen Bann. Zwar wurde immer wieder bestätigt, dass diese Hunde für Allergiker geeignet seien, dennoch hinterließen diese Aussagen bei mir stets ein skeptisches Gefühl. Zu diesem Zeitpunkt wurde mir bewusst, welch positiven Einfluss ein Hund auf die Seele des Menschen haben kann.

Ich konnte mich zwar nicht darauf verlassen, dass die Doodles in Europa in puncto Allergikereignung genauso „verträglich" sein würden wie in Australien, aber ich war mittlerweile schon so fasziniert von diesen Hunden, dass ich mich zwar darüber gefreut hätte, wenn es so wäre, ich mich jedoch unabhängig davon

mit dieser gezielten Verpaarung zweier unterschiedlicher Rassen beschäftigen wollte. Von Anfang an war und ist mein Ziel die Anerkennung dieser Rasse. Für mich als Hundezüchter war und ist es eine große Herausforderung, an der Entstehung einer neuen Rasse mitzuwirken. Die Doodles vereinen so viele positive Merkmale, welche perfekt in unsere heutige Zeit passen. Für mich galt es nun, ein Fundament für die geplante Zucht aufzubauen.

2005 war es dann endlich soweit und unser erster Deckrüde für die F1- und F1B-Generation zog bei uns ein. Er hieß „Never". Natürlich kann ein solches Fundament nur auf den besten Hunden aufgebaut werden und gerade in Hinblick darauf, dass wir nur in den ersten beiden Generationen Zeit haben, den Pudel einzukreuzen, konnte nur ein Hund in Frage kommen, der die allerbesten genetischen Voraussetzungen mitbringt. „Never say never again le Papillon" wurde ein hoch prämierter Großpudelrüde auf internationalen Ausstellungen in fünf Ländern, der allen Anforderungen des Rassestandards gerecht wurde. 2006 hatten wir in unserer Zucht „Dogs of Golden Kennel" den ersten Doodle-Wurf in Deutschland.

Ich würde mich freuen, wenn Ihnen dieses Buch in einer so wichtigen Herzensangelegenheit wie dem Hundekauf ein interessanter Ratgeber oder eine Entscheidungshilfe sein kann. Persönliche Erfahrungen von Doodle-Besitzern aus unterschiedlichen Bereichen werden Ihnen zusätzlich helfen, sich Ihr ganz persönliches Bild vom Doodle und seinen positiven Eigenschaften zu machen.

Nun aber wünsche ich Ihnen viel Freude beim Lesen.

Ihr Andreas Werner

Das Ziel unserer Arbeit

Unser Ziel ist es, einen Hund zu züchten und als eigenständige Rasse anerkennen zu lassen, der mit all seinen positiven Eigenschaften in die heutige moderne Gesellschaft passt. Er soll dabei nicht nur den Ansprüchen des Menschen entsprechen, sondern er soll sich natürlich auch im Rahmen seiner Familie wohlfühlen und sich seinen genetischen Anlagen entsprechend entwickeln und leben können.

Durch die Einkreuzung zweifarbiger Pudel ist es bereits in der zweiten Generation möglich braun-weiße Doodle zu züchten, wie hier beim F1B LD Curly-Coat.

Die Anerkennung des Labradoodles als Rasse ist das erklärte Ziel vieler Züchter.

Dabei sind nicht nur die Haltungsbedingungen, sondern auch das tägliche Miteinander von Mensch und Tier zu berücksichtigen. Im Laufe der letzten Jahrzehnte hat sich so viel um uns herum verändert, dass wir diese neuen Lebensumstände auch bei der Zucht von Hunden berücksichtigen sollten. Oft vervollständigt und bereichert ein Hund die Familie. Es gibt neue Aufgaben innerhalb der Familie zu verteilen und mit dem Hund gemeinsam Ziele zu erreichen. Jedes Familienmitglied kann hier nach seinen Möglichkeiten mitwirken und wird mit Freude die Fortschritte, beispielsweise in der Erziehung, verfolgen.

Da sich heute leider viele verschiedene Allergien bei den Menschen entwickelt haben und vielfach die Haltung eines Haustieres daher nicht möglich ist, haben wir es uns zur Aufgabe gemacht, einen Hund mit der Eigenschaft „für Allergiker geeignet" zu züchten, der keine gesundheitlichen Risiken mit sich bringt. Auch wenn wir

keine hundertprozentige Garantie geben können, so haben wir diesbezüglich schon viele positive Erfahrungen machen dürfen. Der Doodle hat so bereits seinen Platz in einigen Familien finden und seine mitgebrachten Talente in den unterschiedlichsten Bereichen (siehe Fallbeispiele) zur Geltung bringen können.

Wir akzeptieren, dass es nicht nur aus gesundheitlichen Gründen heutzutage erwünscht ist, einen Hund haben zu wollen, der nicht haart. Nicht jeder Coat-Typ erfüllt jedoch diesen Anspruch. Das sollten Sie bei Ihrer Wahl des Doodle-Typs bedenken.

Wir kreuzen gezielt die drei Rassen Pudel, Labrador Retriever und Golden Retriever untereinander. Unser Ziel ist ganz klar die Anerkennung dieser Hunde als eigenständige Rasse. Es ist allerdings ein langer, nicht ganz einfacher Weg. Auch wenn wir alle Anforderungen für die Anerkennung einer Rasse erfüllen, so ist es am Ende doch immer noch eine politische Entscheidung.

Die Entwicklung des Hundes

Früher waren sich die Forscher über die Abstammung unserer Hunde nicht einig. Neben dem Wolf kamen für einige auch Fuchs, Kojote oder die Hyäne in Frage.

Es schien fast unglaublich, dass unsere heutige Rassenvielfalt ausschließlich von einem dieser im Vorfeld genannten Vertreter abstammen könnte. Umso erstaunlicher sind neueste Forschungsergebnisse, die ganz klar aussagen, dass einzig und allein der Wolf Stammvater aller heutigen Hunde sein soll. Es sollte uns daher freuen, dass der Wolf wieder Einzug in unsere Wälder hält. Es ist nur fraglich, ob wir ihm hier genug Lebensraum bieten, damit er ein unbeschwertes Leben führen kann, oder ob ihm bei uns, durch ein mögliches Eindringen in menschliche Bereiche, nicht doch bald wieder die Ausrottung droht.

Seitdem sich Hunde ihren Platz an der Seite von uns Menschen gesucht haben, wurden sie für bestimmte Zwecke gezüchtet. Sie wurden als Hüte- und Wachhunde oder auch Rattenfänger eingesetzt. Beim weltweiten Dachverband der Rassehunde, der FCI, sind heute rund 340 Rassen eingetragen. Jede von ihnen wurde einer der zehn folgenden Gruppen zugeordnet.

Gruppe 1: Hütehunde und Treibhunde
Gruppe 2: Pinscher und Schnauzer
Gruppe 3: Terrier
Gruppe 4: Dachshunde
Gruppe 5: Spitze und Hunde vom Urtyp
Gruppe 6: Laufhunde, Schweißhunde und verwandte Rassen
Gruppe 7: Vorstehhunde
Gruppe 8: Apportierhunde – Stöberhunde – Wasserhunde
Gruppe 9: Gesellschafts- und Begleithunde
Gruppe 10: Windhunde

Die Vorfahren des Doodles hatten Aufgaben zu erfüllen, die hauptsächlich einen jagdlichen Hintergrund hatten.

Im Alter von fünf Wochen ist bereits zu erkennen, dass dieser F2B Goldendoodle vom Coat-Typ „wavy" ist.

Ursprüngliche Verwendung der Hunde

Einige Rassen haben sich heutzutage weit von der ursprünglichen Bestimmung ihrer eigentlichen Zuchtziele entfernt und die damals vorhandenen Anlagen der einzelnen Hunderassen finden heute keine Verwendung mehr. Ganz deutlich wird dies beispielsweise bei den Hütehunden. Früher wurde der Hütetrieb des Hundes gezielt eingesetzt und der Hütehund fand seine Aufgabe beim Schäfer und war diesem eine große Hilfe bei der Erledigung der täglichen Arbeit. Noch heute werden Hütehunde für ihren ehemals bestimmten Zweck eingesetzt. Wer diesen Tieren einmal bei ihrer Arbeit zuschauen darf, kann beobachten, mit welch großer Freude sie ihrem Schäfer dabei zur Hand gehen. Bedauerlicherweise haben mit der Zeit sehr viele dieser hochgradig spezialisierten Hütehunde Einzug in das normale Familienleben gehalten und leben zum Teil ohne eine wirkliche Aufgabe. Den Besitzern solcher Hunde wird leider häufig erst zu spät bewusst, dass diese Unterforderung sich schnell auf die Psyche des Hundes auswirken und durchaus unerwünschte Verhaltenauffälligkeiten begünstigen kann.

Wenn wir einmal die Lebenssituationen der Menschen heutzutage betrachten, können wir schnell erkennen, dass diese sich im Laufe der Zeit grundlegend geändert haben. Somit sind auch die Aufgaben des Hundes andere geworden. Kaum jemand benötigt noch einen Hütehund oder Rattenfänger, selbst der Wachhund

Dieser Medium-Labradoodle stammt aus original australischen Linien. Aus der ursprünglichen Farbe Braun wurde Café-au-lait.

hat für seinen ursprünglichen Zweck an Bedeutung verloren und wird heute durch moderne Alarmanlagen ersetzt. Dafür ist jedoch die Rolle des „besten Freundes" des Menschen in diesen Zeiten immer wichtiger geworden.

Hundezucht früher und heute

Für verschiedene Aufgaben wurden bereits früher Hunde gezüchtet, die einem bestimmen Zweck dienten: Hütehunde, Wachhunde und Rattenfänger. Aber auch bereits vor vielen tausend Jahren war der Hund ein treuer Begleiter des Menschen, dessen positive Einwirkung auf das Seelenleben von psychisch Erkrankten sehr geschätzt wurde.

Der Hund von heute hat einen ganz besonderen Stellenwert innerhalb der modernen Familie eingenommen. Wohl kein anderes Tier ist dem Menschen heutzutage so nahe. Auch wenn die Rassehundezucht vielfach in Verruf gekommen ist, möchte ich an dieser Stelle deutlich machen, dass nicht alle Rassen gesundheitliche Probleme haben, die teilweise durch den Standard oder sehr enge Linienzucht entstehen. Häufig steht nun für den Züchter die Schönheit an erster Stelle, bemüht um immer mehr optische Perfektion. Leider wird eben genau diese gewünschte Perfektion zu einer Perversion mit erschreckenden Folgen.

Warum aber hat der Standard einen Einfluss auf die Gesundheit, werden Sie sich jetzt vielleicht fragen? Festgelegt wird das jeweilige Erscheinungsbild einer Rasse in dem sogenannten Standard durch das Ursprungsland. Das Bewerten auf Ausstellungen erfolgt eben nach genau diesen Kriterien. Leider geht dieser gewünschte Maßstab nicht selten auf Kosten der Gesundheit und verursacht Probleme, beispielsweise bei der Atmung. Gibt es nun noch einen Hund, bei dem alle gewünschten Merkmale vorhanden sind, ist er nicht nur Kandidat für das Siegertreppchen, sondern wird auch verstärkt in der Zucht eingesetzt. Um genau diesen Typ zu festigen, wird oftmals verwandtschaftlich sehr eng gezüchtet.

Ein Wurf Doodle-Welpen ist immer wieder spannend – diese F1 Labradoodle-Hündin wird in Kürze F1B Labradoodle-Welpen zur Welt bringen.

Konsequenzen solcher Zucht

Auch wenn der einzelne Züchter für den Moment gewinnt, verliert oft langfristig die Rasse an Stabilität. Ich selbst bin ebenfalls leidenschaftlicher Aussteller und kenne nur zu gut das Gefühl des Glücks im Moment des Sieges, das regelrecht süchtig machen kann. Und genau nach solchen Erfolgen geht jeder für sich davon aus, auf dem richtigen Weg zu sein. Im ersten Moment sieht das auch ganz so aus. Aber inwieweit denken wir tatsächlich an das Wohl unserer einzelnen Rassen und welchen Anteil hat der persönliche Egoismus, der uns Züchter nicht langfristig denken lässt? Auch ist es unbestritten, dass Nachkommen aus Inzuchtverpaarungen international erfolgreich auf Ausstellungen vorgestellt werden und dadurch wieder bevorzugt für die Zucht eingesetzt werden, immer in der Hoffnung, einen bestimmten Typ an Hund zu festigen. Welche gesundheitlichen Probleme solch enge verwandtschaftliche Verpaarungen mit sich bringen können, wird gerne verdrängt. Mein Appell an alle Züchter: Wir müssen diese Leidenschaft bezüglich der Zucht unserer Hunde auch an die nächste Generation von Züchtern und Ausstellern weitergeben. Daher wäre es wichtig, den Rassestandard der Rassen zu überdenken, die bereits große gesundheitliche Probleme haben.

Die Vorfahren im Vergleich

Damit wir unsere Hunde besser verstehen, ist es wichtig, mehr über deren Ursprung zu erfahren. Um Ihnen einen kleinen Überblick über diese Rassen zu veschaffen, habe ich Ihnen hier ein paar wesentliche Grund-Informationen darüber zusammengestellt. Sie werden erkennen, dass alle drei Rassen über sehr ähnliche Anlagen verfügen. Und genau dies ist die wichtigste Vorausetzung für den Aufbau einer neuen Rasse.

Der Pudel

Vielen Menschen ist der Ursprung des Pudels gar nicht bekannt und er wird fälschlicherweise oft für einen deutschen Schoßhund gehalten. Frankreich gilt nun als das standardführende Land für diese vielfältige Rasse, auch wenn dies lange umstritten war und Deutschland damals wohl – mit etwas mehr Einsatz – diese Position hätte einnehmen können. Dass gerade bei uns der Pudel leider oft verkannt wird, kommt unter anderem daher, dass ihn einige als „Modeaccessoire" sehen oder er sich ihnen als Begleiter älterer Menschen einprägt. Daher bietet sich häufig einigen ein falsches Bild dieses Rassehundes. Am heftigsten umstritten sind jedoch die unterschiedlichen Schurarten dieser Rasse.

Der Pudel macht den Doodle in vielen Fällen zum Hund auch für Allergiker.

Ein Pudel, der beispielsweise in der „Continental"-Schur geschnitten ist, kann – aus Unwissenheit über den Ursprung dieser Rasse – auch mal bedauert oder sein Besitzer sogar beschimpft werden. Erstaunlicherweise ist diese Schurart hauptsächlich in Deutschland verpönt. Ich selbst durfte einmal erleben, wie einer unserer Zuchtrüden aufgrund seiner Schur in Spanien regelrecht gefeiert und bewundert wurde. Kaum in Deutschland angekommen, wurde er leider nur noch bemitleidet. Doch genau diese Schur stammt aus den Zeiten des Ursprungs dieser Rasse als Jagdhund. Die Schur schützte den Hund bei seiner Arbeit auf der Jagd, zum einen im Wasser und zum anderen im Gehölz. So sorgte sein rasiertes Hinterteil im Wasser dafür, dass er beim Schwimmen nicht zu schwer wurde, die beiden Bälle oberhalb der Nieren schützten den Arbeitshund hingegen vor Kälte und somit vor einer Erkrankung. Selbst der Name dieser Rasse ist auf seine ursprüngliche Aufgabe als Wasserjagdhund zurückzuführen. „Puddeln" ist eine alte deutsche Ausdrucksweise und heißt übersetzt „im Wasser plantschen". Durch seine Freude am Apportieren in Verbindung mit seiner Liebe zum Wasser war er also der ideale Helfer für die Geflügeljagd.

Heute gibt es den Pudel in vier unterschiedlichen Größen und einer Vielzahl von Farben. Da diese Hunderasse so vielseitig ist, bietet sie allerbeste Voraussetzungen für den Einsatz in der Doodle-Zucht. Ein allseits bekannter und beliebter Vorzug des Pudels ist seine überdurchschnittliche Intelligenz sowie seine Sportlichkeit. Daher findet er heutzutage nicht nur Freunde unter

Hundesportlern, sondern wird auch mit Vorliebe von Blindenhundeschulen als Hilfshund für sehbehinderte Menschen ausgebildet. Von Pudelfreunden ebenfalls geschätzt wird die Wolle dieses Hundes, die die Eigenschaft besitzt, nicht zu haaren, was diesen Hund auch für viele Allergiker zu einem willkommenen Wegbegleiter macht.

In der VDH-Welpenstatistik gehört der Pudel seit Jahren immer unter die Top Ten der meistregistrierten Hunde.

Der Labrador Retriever vererbt dem Doodle sein ausgeglichenes Wesen.

Der Labrador Retriever

Der Labrador Retriever gehört seit vielen Jahren weltweit zu den beliebtesten Hunderassen. Er stammt aus Neufundland, wurde aber nach der Halbinsel Labrador benannt. 1870 wurde er erstmals „Labrador Retriever" genannt. Er zeichnete sich bereits damals durch seinem Drang zu apportieren, dem „retrieve" bei der Jagd, aus.

Seinen Ursprung verdankt der Labrador Retriever dem St.-Johns-Hund. Dieser hatte bereits vor über 500 Jahren das geschätzte gutmütige Wesen des heutigen Retrievers. Durch seine Schwimmfähigkeiten und durch sein wasserabweisendes Fell war er ein idealer Begleiter für die Jagd. Nachdem diese Hunde Mitte des 19. Jahrhunderts England und Schottland erreichten, wurden sie auch hier sehr beliebte Hunde für die Jagd, nicht zuletzt auch wegen ihres guten Spürsinns und der damit verbundenen exzellenten Nasenleistung. Egal ob er Fische, Netze oder Wasservögel an Land bringen sollte, er erledigte seine Einsätze stets

mit Bravour. Zu Beginn des 20. Jahrhunderts wurde ein Rassestandard festgelegt. Von nun an wurde bei der Zucht nicht nur auf seine Eignung als Jagdhund geachtet, sondern auch darauf, dass er dem verlangten Erscheinungsbild entspricht und sich so zu einem einheitlichen Typ von Hund entwickeln konnte. Auch heute noch wird diese beliebte Rasse bevorzugt für die Jagd ausgebildet und eingesetzt. Der Labrador Retriever ist ein verlässlicher Partner. Ob als Blindenführhund oder im Einsatz als Therapie- und Hilfshund, diese Rasse zeichnet so vieles aus, dass sie nicht umsonst weltweit zu den beliebtesten Rassen gehört.

Experten schätzen, dass jährlich in Deutschland etwa 20 000 Welpen verkauft werden. Davon eingetragen im VDH sind rund 3 000.

Der Golden Retriever

Der Ursprung dieses Retrievers stammt aus der Verpaarung eines gelben Retrievers mit dem Tweed Water Spaniel. Leider ist dieser Spaniel heute bereits ausgestorben. Im Laufe der Zeit

Der Golden Retriever ist in der Regel ein gelassener Hund – der Doodle auch.

wurde neben dem Irischen Setter auch ein sandfarbener Bluthund eingekreuzt. Seit dem Jahr 1913 ist der Golden Retriever als eigenständige Rasse anerkannt. Nachdem diese Rasse in England sowie den USA immer beliebter wurde, erfreuen sich die ersten Vertreter dieser Hunde bei uns seit Anfang der achtziger Jahre stets zunehmender Beliebtheit. Leider ereilte rund zehn Jahre später diesen Hund ein Schicksal, welches seinem Image sehr schadete – er wurde zum Modehund. Die Nachfrage schien grenzenlos und dieser regelrechte Boom lockte viele unseriöse und skrupellose Geschäftemacher an. So wurden diese Hunde kaum noch seriös gezüchtet, sondern nur noch im großen Stil vermehrt, ohne an die Konsequenzen zu denken. Noch heute ist der Golden Retriever zu Recht eine der beliebtesten

Rassen weltweit. Kein Wunder, denn dieser wundervolle Hund erobert jedes Herz im Sturm, und das nicht allein durch sein offenes und freundliches Wesen. Auch durch seine Intelligenz und seine fortwährende Hilfsbereitschaft ist er nicht nur der ideale Familienhund, sondern eignet sich auch hervorragend für die Ausbildung zur Jagd oder zum Rettungshund.

Spezifische Eigenschaften im Überblick

Sowohl Pudel und Labrador Retriever als auch der Golden Retriever wurden ursprünglich als Arbeitshunde gezüchtet. Die Freude des Pudels bei der Arbeit wird oft jedoch noch als etwas

Als Blindenführhund kommt der Doodle immer häufiger zum Einsatz.

leidenschaftlicher eingeschätzt. Und auch wer den Doodle bei seiner täglichen Arbeit beobachtet, wird auf den ersten Blick erkennen, wie viel Freude dieser beim Erledigen seiner Aufgaben in unterschiedlichen Aufgabenbereichen hat. Der Pudel ist für seine hohe Auffassungsgabe bekannt und wird deshalb besonders gern auch als Zirkushund oder in Shows eingesetzt. Er lernt mit Begeisterung neue Tricks und ist immer mit viel Eifer bei der Sache. In diesem Bereich ergänzen sich die Vorfahren unserer Hunde also bestens, da die Retriever ebenfalls für ihre schnelle Auffassungsgabe bekannt sind.

Schauen wir uns nun noch einmal die Eigenschaften der einzelnen Rassen genauer an: Ein ausgebildeter Blindenhund darf sich bei der Ausführung seiner Arbeit auf keinen Fall ablenken lassen. Der Labrador Retriever ist in dieser Hinsicht fast unschlagbar. Aber auch der Golden Retriever ist dem ihm anvertrauten Menschen stets ein treuer Begleiter und lässt sich nur selten vom Weg abbringen.

Der Pudel hingegen findet alles spannend und lässt sich nur allzu gerne ablenken. Mir ist sogar schon von Blindenhundeschulen des Öfteren berichtet worden, dass sich dieser elegante Hund hin und wieder gerne mal im Schaufenster betrachtet, aber nicht wegen seiner Eitelkeit, sondern weil er hier für einen kurzen Moment einen Artgenossen vermutet. Hier kommt der Doodle dann doch eher nach seinen anderen Vorfahren, nach den beiden Retriever-Vertretern.

Für die Erziehung ist zu bedenken, dass der Labrador Retriever nicht nachtragend ist, der Golden Retriever hingegen eher sensibel ist und nicht so leicht versöhnlich. Beim Pudel sind „Fehler" so gar nicht erwünscht, er vergisst diese nicht so schnell und könnte daher als sehr nachtragend bezeichnet werden. Je nach Zuchtform können wir beim Doodle beobachten, dass ein Hund aus der ersten Generation einen Ausbildungsfehler schnell vergisst und in keiner Weise nachtragend ist. Ein Hund aus der zweiten F1B-Generation kann wiederum durchaus sehr empfindlich sein und auf Ausbildungsfehler auch dementsprechend reagieren.

Das Selbstbewusstsein eines Labrador Retrievers scheint oft unerschütterlich, der Golden Retriever steht seinem Gruppen-Verwandten hier etwas nach. Seinem Besitzer gegenüber weiß der Pudel stets, was er zu fordern vermag, allerdings ist er nach außen weniger selbstbewusst, auch

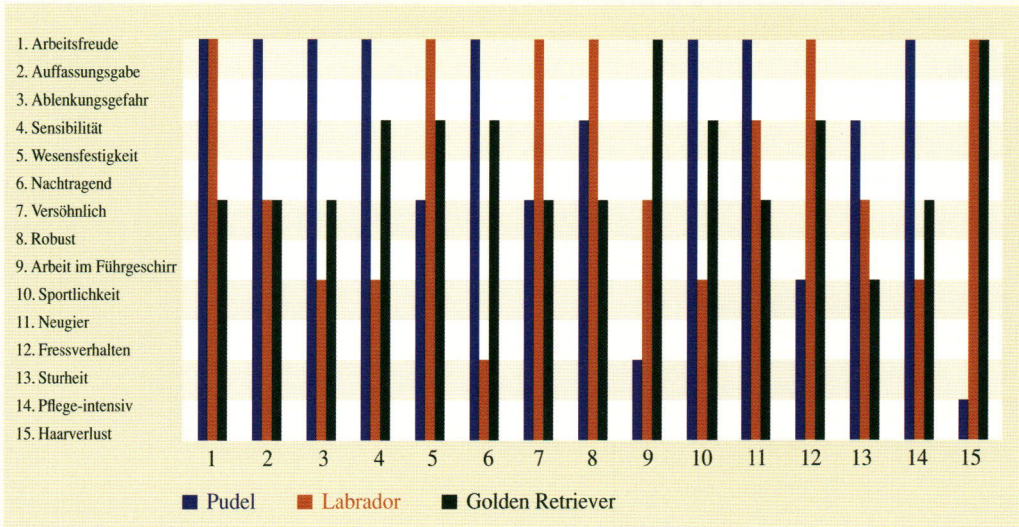

Eigenschaften im Überblick.

wenn der eine oder andere Pudel seine Aufgabe bereits in der Schutzhundausbildung fand. In diesem Punkt kann sich der Doodle also darüber freuen, dass so ein „cooler Hund" wie der Labrador Retriever zu seinen Vorfahren zählt. In meinen Gesprächen mit Blindenhundeschulen betonen diese immer wieder, dass der Golden Retriever wie eine Maschine im Ausbildungsgeschirr läuft, pflichtbewusst wie ein Soldat. Damit hat er dem Labrador etwas voraus.

Die Gangart des Pudels beim Arbeiten im Geschirr wird gerne als tänzelnd beschrieben und damit von einigen Blindenhundeschulen als Manko gesehen. Hier wird nun darauf vertraut, dass der Doodle besser marschiert als sein gelockter Vorfahre.

Was das Fressverhalten der Hunde angeht, so haben Sie in Ihrem Umfeld sicher schon davon gehört, dass der Labrador Retriever ein leidenschaftlicher Fresser ist und daher dem Halter empfohlen wird, das Futter gut einzuteilen. Das eher als normal zu bezeichnende Fressverhalten des Pudels kommt dem Doodle hier sehr entgegen, allerdings bestätigen auch hier Ausnahmen die Regel. Dafür ist der Pudel – in Bezug auf die Fellpflege – sicher mit Abstand der pflegeintensivste Vertreter dieser Hunde. Je nach Zuchtform muss daher auch der Doodle regelmäßig gepflegt und geschoren oder zumindest geschnitten werden. Er hat dafür aber auch den Vorteil des Nichthaarens und hat in diesem Punkt die Allergiefreundlichkeit vom Pudel mit auf den Weg bekommen. Insgesamt betrachtet, sind also alle drei Doodle-Vorfahren für die Blindenhundeausbildung geeignet. Ziel ist es, die jeweiligen Stärken des Einzelnen im Doodle zu vereinen.

Anforderungen der FCI für die Anerkennung einer Rasse

Der Antrag zur Annahme einer neuen Rasse muss von der kynologischen Dachorganisation einer der FCI angehörenden Nation an das FCI-Sekretariat eingereicht werden. Dabei kann ein zur FCI gehörendes Ursprungsland die Antragstellung an eine andere Nation der FCI übertragen. Ein entsprechender schriftlicher Auftrag des Ursprungslandes muss vorliegen.

Ob der Doodle jemals als Rasse anerkannt wird, steht noch in den Sternen. Die Anforderungen sind vielschichtig.

Neue Rassen können Hundepopulationen sein, die anderweitig schon anerkannt und durch andere Hundeclubs angenommen sind, Hunderassen, die wieder belebt wurden, oder neu geschaffene Rassen. Diese Letzteren müssen sich von den in der FCI bereits anerkannten Rassen deutlich unterscheiden. Eine neue Rasse kann als solche anerkannt werden, wenn sie der Definition einer Rasse genügt (siehe Bestimmungen der FCI über die Fortpflanzung in und zwischen Varietäten). Die Population muss sich zusammensetzen aus einem Minimum von acht Geschlechtslinien (Blutlinien), jede mit wenigstens zwei Rüden und sechs Hündinnen (Originalkern). Es dürfen keine Beziehungen zwischen den Blutlinien während drei Generationen (Urgroßeltern) bestehen.

Diese Bedingungen sind durchführbar, wenn mit einem gut geplanten Fortpflanzungsprogramm wenigstens tausend Hunde registriert sind. Das Gesuch muss eine DVD sowie Fotos enthalten, in der die Hunde stehend und in Bewegung gezeigt werden, und außerdem den Nachweis erbringen, dass die auf der Generalversammlung in Madrid beschlossenen Kriterien zur Annahme neuer Hunderassen (acht unabhängige Blutlinien, Anzahl Hunde, Untersuchung auf Hüftgelenksdysplasie, PRA, Epilepsie, Verhalten und Charakter) erfüllt sind. Es müssen zugleich ein nach dem neuen, bei der Generalversammlung in Jerusalem angenommenen FCI-Standard-Modell abgefasster, vollständiger, vorläufiger Standard in einer der vier offiziellen Sprachen der FCI (Französisch, Deutsch, Englisch und Spanisch) und eine für die erste Seite des FCI-Standards bestimmte Zeichnung des Hundes vorliegen.

Vor der abschließenden Diskussion im Rahmen der vereinigten Kommissionen (wissenschaftliche Kommission und Standard-Kommission) wird im Auftrag der FCI eine Delegation, bestehend aus je einem Mitglied beider Kommissionen, eine gründliche Überprüfung an Ort und Stelle vornehmen. Die Kosten dieser Untersuchung werden von der kynologischen Dachorganisation der antragstellenden Nation getragen.

Nach Untersuchung und Besprechung der vorliegenden Akten und nach der erfolgten Kontrolle an Ort und Stelle können die vereinigten Standard- und wissenschaftlichen Kommissionen beim Vorstand den Antrag auf vorläufige Annahme der neuen Rasse stellen. Vorläufig angenommene Rassen sollen in allen FCI-Ländern in entsprechende Stammbücher eingeschrieben werden, können bei unter dem Patronat der FCI stehenden internationalen Ausstellungen ausgestellt und bewertet werden, können ein CAC erwerben, sind aber vorläufig vom CACIB ausgeschlossen. Nach mindestens fünf Generationen, aber frühestens nach zehn Jahren, kann der Antragsteller das Gesuch um endgültige Annahme der neuen Rasse stellen. Er muss dabei über die Entwicklung der Rasse (Anzahl Hunde), Gesundheitszustand, Wesen und über eventuelle Schwierigkeiten, die sich während der Probezeit ergeben haben, schriftlich Bericht erstatten.

Dazu müssen folgende Bedingungen erfüllt werden:

1. Einen endgültigen Standard in Übereinstimmung mit der Standardkommission verfassen.
2. Vorlage jährlicher Statistiken über die Geburten im Herkunftsland der Rasse ab dem Datum ihrer provisorischen Anerkennung sowie einer Statistik der Geburten in den Ländern derselben geografischen Region, wobei mindestens die letzten drei Jahre zu berücksichtigen sind.
3. Angabe der Zahl der Hunde dieser Rasse, die bei den großen Ausstellungen des Herkunftslandes und in den Welt- und Sektionsausstellungen des dem Antrag zur definitiven Annahme vorausgehenden Jahres eingetragen sind.
4. Von zwei durch den Vorstand benannten Sachverständigen Folgendes feststellen lassen:
   a. Tatsächliche Anwesenheit der ausgestellten Hunde bei einer besonders wichtigen Veranstaltung.
   b. Homogenität der Rasse und deren Übereinstimmung mit dem Standard.
   c. Ausgewogenheit des Verhaltens.

Nach einer neuen Beurteilung durch die vereinten Kommissionen kann der vorläufige Standard entsprechend den Erfahrungen der Probezeit abgeändert und ergänzt werden und auf der Generalversammlung der FCI der Antrag auf endgültige Annahme der neuen Rasse mit einem endgültigen Standard gestellt werden. Wird nach zehn bis 15 Jahren kein Antrag zur endgültigen Annahme eingereicht, wird die Rasse von den Listen der FCI gestrichen. *(Quelle: FCI)*

Würde der Doodle als Rasse anerkannt, bräuchte er einen neuen Namen. Derzeit beschäftigt sich eine Doodle-Züchter-Kommission mit diesem Thema.

Die Anerkennung als Rassehund

Auch wenn wir selbst absolut davon überzeugt sind, dass der Doodle als anerkannte Rasse perfekt in unsere heutige moderne Zeit passen würde und die Anerkennung als Rasse durch die FCI – nachdem alle Voraussetzungen dafür erfüllt worden sind – erfolgen müsste, so ist es doch fraglich, wie unsere Bemühungen enden werden. Der Antrag hierfür müsste durch das Land erfolgen, welches später dann auch als eingetragenes Ursprungsland gelten und somit in die Geschichte eingehen würde. Dieses Land würde dann auch für den festgelegten Rassestandard stehen, was bedeutet, dass sowohl Erscheinungsbild als auch bestimmte Wesensmerkmale des Doodles hier festgelegt werden. Wir sind uns durchaus

bewusst, dass uns solch eine Zustimmung nicht gewiss ist und wir bis dahin noch viele Hürden überwinden müssen.

Es besteht aber immer noch die Möglichkeit, sich mit kleineren Ländern zu beraten, ob diese nicht eine Möglichkeit haben, einen kürzen Weg der Rasseanerkennung einzuschlagen, sodass man einem solchen Land anbieten könnte, als Ursprungsland dieser Rasse in die Geschichte einzugehen. Dass Deutschland diesen Weg – sich nicht für die Anerkennung einer Rasse stark gemacht zu haben – im Nachhinein jedoch auch schon bereut hat, wird am Beispiel des Pudels deutlich. Zu dessen Ursprungsland ist seinerzeit Frankreich erklärt worden.

Für jeden, der die Bezeichnung „Doodle" zum ersten Mal hört, klingt dieser Name erst einmal befremdlich, ja fast schon ein bisschen lustig. Aber seit 2006 gibt es immer mehr Menschen in

Europa, für die der Name „Doodle" bereits eine bekannte Bezeichnung ist. Viele verbinden mit dem Namen sogar schon eine Rasse. Nun sind allerdings die Bestimmungen der FCI so festgelegt, dass ein Rassehund nicht denselben Namen tragen darf wie die Kreuzungen, die auch der gezielte Ursprung der Rasse sind. Das bedeutet im Klartext: sobald es offiziell in Richtung FCI-Anerkennung gehen wird, müssen wir einen neuen Namen finden. Mit dem Thema der Namensgebung ist zurzeit eine internationale Doodle-Züchter-Kommission beschäftigt.

Designer-Dog

Die Bezeichnung Designer-Dog ist eine mittlerweile üblich gewordene Bezeichnung für Kreuzungen und wird leider allzu gerne missverstanden. Für Kritiker ist diese Bezeichnung eine willkommene Vorlage, um die Zucht von neuen Kreuzungen in Frage zu stellen. Es wird der Eindruck vermittelt, dass es den Züchtern solcher Kreuzungen ausschließlich darum geht, einem Trend zu entsprechen und dafür künstlich Hunde zu erschaffen. Teilweise kann ich diese Kritik sogar verstehen und muss ihr auch beipflichten. Wie Sie wissen, sind ja auch die bereits anerkannten Rassen aus solchen gezielten Kreuzungen entstanden. Der Ansatz war und ist immer der, bestimmte positive Eigenschaften der Hunde zu festigen und ausschließlich Rassen miteinander zu kreuzen, die sich sehr gut ergänzen. Die Gesundheit der Tiere stand dabei immer an oberster Stelle. Leider werden auch Hunde gekreuzt, auf die das Wort „Design" in der Tat passen würde. Starke gesundheitliche Probleme durch eine Veränderung der ursprünglichen Anatomie sind nun der Preis für diese Veränderungen.

Festzuhalten wäre also, dass natürlich mitunter auch Hunde gekreuzt werden, welche ganz sicher nicht zueinanderpassen. Dazu ein Beispiel, das Ihnen deutlich machen soll, was ich damit meine: Ich finde es sträflich, einen Beagle mit einem Mops zu kreuzen und so einen Hund zu züchten, der beim Ausleben seines Jagdtriebes aufgrund zu kurzer Atemwege tot zusammenbrechen könnte. Diese beiden Rassen miteinander zu kreuzen, ist also absolut verantwortungslos. Es werden in der heutigen Zeit allerdings auch Rassehunde gezüchtet, die nicht in der Lage sind, sich natürlich fortzupflanzen, oder die einen warmen Sommertag zum Teil nur mithilfe einer Klimaanlage überleben können.

Ich möchte Sie an dieser Stelle nur sensibilisieren, sich genauer mit den unterschiedlichen Kreuzungen auseinanderzusetzen und zu hinterfragen, ob die entsprechende Kreuzung grundsätzlich sinnvoll ist, oder ob sie eher einem Trend entspricht und den Tieren gesundheitlich schadet. Das Verantwortungsbewusstsein, solche „unpassenden" Hunde zu züchten, liegt aber nicht allein beim Züchter, sondern auch bei denen, die diesen mit dem Kauf eines solchen Hundes unterstützen. Sie sehen also, dass die Bezeichnung Designer-Dog nicht zwingend eine negative sein muss. Betrachtet werden sollte der Hund, der damit bezeichnet wird.

Doodle-
Typen

Verständlicherweise sorgen die unterschiedlichen Doodle-Typen immer wieder für
Verunsicherung. Um Ihnen einen Überblick
zu verschaffen, finden Sie nachfolgend
wichtige Informationen, die es Ihnen
erleichtern werden, Ihren persönlichen
Doodle-Typ zu finden, um so gezielt
auf die Suche nach dem richtigen Züchter
gehen zu können.

Zuchtformen und Größen

Der Doodle ist noch keine durchgezüchtete Rasse. Daher liegt es auf der Hand, dass sich die verschiedenen Doodle-Typen optisch unterscheiden. Neben verschiedenen Größen und den unterschiedlichen Haartypen gibt es diese Kreuzung in einer Vielzahl von Farben. Allerdings sollten Sie bei der Auswahl Ihres zukünftigen Familienmitgliedes nicht nur auf die Optik achten, sondern das Wesen des Hundes berücksichtigen.

Ein erfahrener Züchter wird Sie darauf hinweisen, dass sich das Wesen der einzelnen Typen unterscheiden kann. Typbedingte Wesensunterschiede sind auch bei einigen anerkannten Rassehunden zu beobachten.

Hierbei sind die Hunde leicht in Gruppen einzuteilen, zum einen nach der Farbe, zum anderen nach der Größe. Da Hunde unterschiedlicher Größen und Farben gekreuzt werden, kann kein Züchter pauschale Aussagen über das Wesen einzelner Gruppen treffen. Wir können uns hier aber dennoch gut an eingekreuzten Linien des Ursprungs unserer Hunde orientieren – vor allem des Pudel. Natürlich muss für eine Einschätzung der Persönlichkeit eines jeden Hundes seine Abstammung berücksichtigt werden, dennoch lasse ich mich an dieser Stelle mal auf ein kleines Wagnis ein und sortiere die Doodle-Typen nach ihren Unterschieden. So kann ich Ihnen zunächst eine grobe Einschätzung einzelner, wahrscheinlich auftretender Wesensunterschiede aufzeigen.

Der Mini-Doodle ist lustig und für jeden Spaß zu haben. Ein absoluter Gute-Laune-Hund.

Mini-Doodle

Wie bereits erwähnt, wird der Doodle stufenweise kleiner gezüchtet. Daher gibt es bei diesem Doodle-Typ weder F1- noch F1B-Vertreter. Ich kann somit gleich mit der Wesensbeschreibung der Multigen-Generation anfangen.

„Klein, aber oho" ist wohl die richtige Beschreibung für den kleinsten Vertreter des Doodles. Den Mini-Doodle würde ich als den lustigsten bezeichnen. Als hätte er zu jeder Zeit den Schalk im Nacken, ist er stets auf der Suche nach Nähe und buhlt dabei munter um die Gunst seiner Familie. Dabei ist er sich, so hat es jedenfalls den Anschein, seines optischen Niedlichkeitsfaktors bewusst. Aber Vorsicht! Dieser kleine Strolch nutzt solch einen Bonus nur zu gern für sich aus und wickelt seine Bezugspersonen dabei mit Leichtigkeit um den Finger. Ich halte es daher für ratsam und unumgänglich, bei der Erziehung des Mini-Doodles konsequent zu bleiben, auch wenn das aufgrund seines bezaubernden Äußeren oft schwerfällt.

Medium-Doodle

Die goldene Mitte – das wäre sozusagen der Medium-Doodle. Aber gerade bei diesem ist es sehr schwierig, eine pauschale Aussage über sein Wesen zu treffen.

Zum besseren Verständnis stelle ich Ihnen vorab die unterschiedlichen Zuchtformen des Medium-Doodles vor.

Die erste Generation, genannt F1-Generation, besteht zur einen Hälfte aus dem Retriever und zur anderen aus dem Pudel. Da der Medium-Doodle ausschließlich von Retriever und Kleinpudel abstammen sollte, ist das Wesen dieser F1-Generation als munter und auch fordernd zu beschreiben. Doch schon in dieser Generation spielen die unterschiedlichen Farben eine Rolle und aus diesem Grund ist wieder jeder Welpe einzeln zu betrachten. Informieren Sie sich über die Abstammung des Hundes und beobachten Sie ihn bei seinem Züchter. Es wird sich schnell zeigen, ob Sie ein gutes Team werden können.

Standard-Doodle

Ohne Weiteres kann der größte Vertreter unter den Doodles als sanfter Riese bezeichnet werden. Je nach Zuchtform und Farbe unterscheiden aber auch diese sich in ihrem Wesen. Auch wenn anfangs der eine oder andere Doodle-Interessierte mit einem kleiner bleibenden Hund geliebäugelt

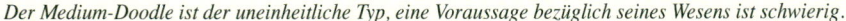

Der Medium-Doodle ist der uneinheitliche Typ, eine Voraussage bezüglich seines Wesens ist schwierig.

Der Standard-Doodle ist der ruhigste Vertreter seiner „Rasse".

hat, so überzeugt doch häufig der Standard-Doodle durch sein ausgeglichenes Wesen. Sensibel und feinfühlig wie er ist, ist er nicht nur ein idealer Familienhund, sondern er wird auch gerne als Blinden- oder Therapiehund eingesetzt.

Australian Labradoodle

Der Ursprung dieser Kreuzung liegt in Australien, wodurch dieser Name für den Doodle auch erst einmal Sinn machen würde und für jedermann verständlich wäre. Doch leider wird hiermit ein Kreuzungsprodukt bezeichnet, in das weitere Rassen eingeflossen sind, sodass diese Hunde mit dem Doodle nur wenig zu tun haben.

Einigen der größeren Züchter ging es unglücklicherweise nicht um den Aufbau der Zucht mit dem Ziel, eine neue Rasse zu etablieren, sondern ausschließlich um den Verkauf von Hunden. Zum Teil werden in Australien unglaubliche Preise für

einen Australian Labradoodle verlangt. Da die Zuchtbasis seinerzeit sehr klein war, wurde diese kurzerhand vergrößert und es wurden ohne Bedenken weitere Rassen für die Zucht verwendet. So kam es, dass neben dem Pudel auch der Cocker Spaniel und der Australian Shepherd eingekreuzt wurden. Leider erfolgte damit auch eine Wesensveränderung des ursprünglich gekreuzten Doodles und auch die Allergikereignung konnte so nicht weiter gefestigt werden. Zusätzlich fingen Züchter an, die Welpen bereits im Abgabealter zu kastrieren. Diese skrupellose Vorgehensweise wird auch heute bei einigen Züchtern leider noch praktiziert, um sich vor Konkurrenz zu schützen. Mit dieser Maßnahme wurden so nun unglaubliche Summen für unkastrierte Hunde erzielt. Die australische Zuchtstätte, die anfangs dafür verantwortlich war, wurde wegen nicht artgerechter Tierhaltung geschlossen. Eine Gruppe von kleineren Züchtern ist diesem schlechten Beispiel jedoch gefolgt und entfernt noch heute die Keimdrüsen im Abgabealter oder verlangt mehr Geld für einen nicht kastrierten Hund.

Der Australian Labradoodle setzt sich aus mehreren Rassen zusammen. Auch der Cocker Spaniel wird in einigen Zuchtlinien eingekreuzt.

Der Multigen-Doodle kann sowohl vom Mini-Doodle als auch vom Medium- oder Standard-Doodle abstammen.

F1B- und Multigen-Generation

Bei F1B- und Multigen-Hunden ist es noch spannender, Voraussagen über ihr Wesen zu treffen, da Hunde aus dieser Generation sowohl vom Mini- als auch vom Standard-Doodle abstammen können. Innerhalb eines Wurfes können sowohl Mini-als auch Medium-Doodles fallen. Das liegt daran, dass sich Mini- und Medium-Doodles nur durch einen Größenunterschied von einem Zentimeter unterscheiden. Es reicht also aus, wenn die einzelnen Hunde die entsprechend angegebene Größe von Mini- oder Medium-Doodle um einen einzigen Zentimeter unter- beziehungsweise überschreiten. Sie sollten daher mit dem Züchter mögliche Unterschiede bei den Welpen besprechen und die jeweilige Abstammung berücksichtigen.

Die unterschiedlichen Zuchtformen

Labrador Retriever	x	Pudel	=	F1-Labradoodle
F1-Labradoodle	x	Pudel	=	F1B-Labradoodle
F1-Labradoodle	x	F1B-Labradoodle	=	F2B-Labradoodle
F1B-Labradoodle	x	F1B-Labradoodle	=	1. Generation Multigen-Labradoodle
Labradoodle	x	Goldendoodle	=	Doubledoodle

Zuchtformen	Mini	Medium	Standard	Flat	Wire	Wavy	Curly
Labradoodle F1		•	•		•	•	
Labradoodle F1B		•	•	•		•	•
Labradoodle F2B		•	•	•		•	•
Labradoodle (Multigen-)	•	•	•	•		•	•
Goldendoodle F1		•	•			•	
Goldendoodle F1B		•				•	
Goldendoodle F2B		•	•	•		•	•
Goldendoodle (Multigen-)	•	•	•	•		•	•
Doubledoodle F1		•	•	•	•	•	•
Doubledoodle F1B		•	•	•		•	•
Doubledoodle F2B		•	•	•		•	•
Doubledoodle (Multigen-)	•	•	•	•		•	•
Größe in Zentimeter	38 – 43	44 – 53	54 – 63				
Gewicht in Kilogramm	12 – 15	15 – 24	25 – 40				

Vererbung und Genetik

Unabhängig von der jeweiligen Zuchtform der einzelnen Doodle-Typen wird es immer wieder zu Unterschieden innerhalb eines Wurfes kommen. So ist es nicht ungewöhnlich, bis zu drei unterschiedliche Coat-Typen bei den einzelnen Wurfgeschwistern beobachten zu können. Das liegt daran, dass nie sicher ist, welcher Anteil sich bei dem jeweiligen Welpen stärker vererbt.

Farben

Grundsätzlich hat jede Farbe ihren eigenen Charakter, da aber einige Farben bereits seit vielen Jahrzehnten untereinander gekreuzt werden, wird es immer schwieriger, einer bestimmen Farbe feste Wesenszüge zuzuordnen. Als Faustregel würde ich Ihnen aber dennoch mit auf den Weg geben, dass dunkle Farben grundsätzlich etwas souveräner sind als die helleren.

Die verschiedenen Größen

Mini-Doodle:	40 – 43 cm
Medium-Doodle:	44 – 53 cm
Standard-Doodle:	54 – 63 cm

Coat-Typen

und deren Pflege

Wie andere, bereits anerkannte Rassen gibt es auch den Doodle in unterschiedlichen Coat-Typen. Dies ist nicht ungewöhnlich, diese Vielfalt gibt es beispielsweise beim Chihuahua oder auch bei dem mit dem Doodle verwandten Portugiesischen Wasserhund. Der Doodle hingegen ist sogar in vier verschiedenen Coat-Typen zu bekommen.

Nicht jeder Doodle-Typ benötigt die gleiche Pflege. Hier ist eine fachkundige Beratung wichtig.

Curly-Coat (gelockt)

Ein Doodle mit diesem Haartyp ist schon auf den ersten Blick zu erkennen. Sein Fell hat eine wollige Form, ist sehr dicht und gelockt. Die Dichte des Haares nimmt mit zunehmendem Alter zu. Da diese Lockenwunder keinen Haarwechsel durchmachen, wie es Ihnen sicher sonst von den meisten andern Hunden her bekannt ist, stoßen sie auch keine abgestorbenen Haare ab. Ihr gekräuseltes Haar wächst allerdings unaufhörlich weiter, was natürlich zur Folge hat, dass der Curly-Coat-Doodle regelmäßig geschoren werden sollte, denn es ist sont fast unmöglich, diesen Hund im Haar zu halten. Seine Wolle würde auf Dauer verfilzen, was bedeuten würde, dass man den Hund dann komplett abscheren müsste. Wir empfehlen, die Hunde alle sechs bis acht Wochen

Das Fell des Curly-Coat-Doodle ist dicht, wollig und gelockt.

zu scheren. Der Pflegezustand sollte jedoch wöchentlich kontrolliert werden und der Hund mit Kamm und Bürste kräftig ausgebürstet werden. Im Gegensatz zu anderen Haartypen ist diese Wolle nicht wasserabweisend. Daher ist es ratsam, den Curly-Coat-Doodle auch im Winter zu scheren. Dadurch, dass die Wolle des Hundes die Feuchtigkeit nicht abweist und durch die Dichte des Fells sehr lange zum Trocknen braucht, trägt der Hund diese Feuchtigkeit auf seinem Körper. Dies ist damit vergleichbar, als würden wir uns im Winter mit einem stets feuchten Pullover ins warme Wohnzimmer setzen. Sollte das Fell in dieser Zeit nicht im optimalen Pflegezustand sein und sich sogar feuchter Filz auf der Haut des Hundes befinden, so könnte dies zu gesundheitlichen Problemen des Doodles führen.

Zur richtigen Pflege des Doodles benötigen Sie nicht viel: eine Softbürste und ein Kamm reichen vollkommen aus.

Der Wire-Coat kommt beim Labradoodle häufig in der ersten Generation vor (F1).

Wire-Coat (Drahthaar)

Diese Form der Fellstruktur bedeutet übersetzt „Drahthaar" und kommt hauptsächlich beim Labradoodle in der ersten Generation vor (F1). Das Fell dieser Hundetypen ist eher borstig und fest, ähnlich wie beim Teckel oder Deutsch Drahthaar. Diese Hunde haben einen normalen Fellwechsel und stoßen daher ihr Haar ab. Dies sorgt immer für Verwirrung, da viele bei ihren Überlegungen nicht berücksichtigen, dass es den Doodle in unterschiedlichen Haartypen gibt. Es ist aber möglich, durch regelmäßiges Scheren dieser Hunde die Haarstruktur weicher werden zu lassen und das damit verbundene Haaren zu reduzieren.

Aber auch diese Doodle-Typen können durchaus für Allergiker geeignet sein, wenn hierbei dominante Vererber mit verminderten Allergenen für die Zucht eingesetzt werden.

Wavy-Coat (wellenförmig)

Bei diesem Doodle-Typ haben die Haare eine wellenförmige Form. Das Fell ist deutlich dichter als beim Wire-Coat und damit auch deutlich pflegeintensiver. Häufig kommt diese Fellstruktur

Der wellenförmige „Wavy-Coat" ist deutlich pflegeimtensiver ais der „Wire-Coat".

Der „Flat-Coat-Doodle" ist der pflegeleichteste Doodle-Typ.

bereits in der ersten Generation des Goldendoodles vor. Ein regelmäßiges Schneiden ist daher erforderlich, um diese Hunde vor dem Verfilzen zu schützen.

Flat-Coat (glatt anliegend)

Mit Abstand der pflegeleichteste Vertreter unter den Doodles ist der Flat-Coat. Sehr häufig beobachten wir diese Art der Fellstruktur in der ersten Multigen-Generation (Verpaarung zweier F1B-Hunde). Doch bei Besuchen von Züchtern in den USA habe ich schon oft Hunde in der siebten und achten Multigen-Generation sehen können, die einen Flat-Coat hatten.

Auch bei vielen anerkannten Rassehunden, wie zum Beispiel dem Chihuahua, ist es völlig normal, dass es Kurz- und Langhaarhunde innerhalb eines Wurfes geben kann. Aber Vorsicht: Bei einem Welpen mit Flat-Coat es ist durchaus

möglich, dass sich im Laufe der Zeit der Haartyp ändert und sich innerhalb der kommenden Jahre zu einem Wavy-Coat entwickeln kann.

Der Feind des Haares: Feuchtigkeit

Um das Verfilzen der Haare zu verhindern, ist es gut, ein paar grundlegende Dinge zu wissen. Besonders Feuchtigkeit kann zu Problemen mit

Feuchtigkeit und Nässe sind die erklärten Feinde des Doodle-Fells. Wird es nicht vorsichtig getrocknet, verfilzt es schnell.

dem Fell führen. Je länger die Haare des Doodles sind, desto wichtiger ist es, auf die richtige Pflege zu achten. Sollten die Haare Ihres Hundes nach einem Spaziergang feucht sein, rubbeln Sie das Fell nicht mit einem Tuch trocken, da durch das Ineinanderreiben der einzelnen Haare das Fell besonders schnell verfilzen kann. Besser ist es, Sie tupfen das Fell fest ab. Sollte der Hund sehr nass sein, ist es ratsam, ihn trocken zu föhnen, um ein Verfilzen zu verhindern. Es gibt spezielle Hunde-Föne, die Ihnen und Ihrem Doodle diese Arbeit erleichtern.

Ab wann und wie pflege ich meinen Doodle?

Schon beim Welpen ist es sehr wichtig, von Anfang an konsequent auf die Pflege zu achten. Auch wenn es vom Fell her noch nicht unbe-

dingt erforderlich ist, sollten Sie Ihren Welpen alle zwei bis drei Tage mit der Fellpflege vertraut machen, damit er sich frühzeitig an das Prozedere gewöhnen kann. Es wird Ihnen und Ihrem Hund dann in Zukunft eine Menge Stress ersparen.

Ich halte die Pflege von Hunden auf dem Fußboden für wenig produktiv, da es nicht nur für den Hund, sondern auch für Sie ziemlich unbequem ist. Daher würde ich jedem empfehlen, sich einen sogenannten „Trimmtisch" anzuschaffen oder alternativ einfach einen Tisch mit einer rutschfesten Gummimatte zu versehen, um dort den Hund zu kämmen und zu bürsten oder auch mal zu föhnen. So lernt der junge Hund zugleich, dass auf dem Fußboden gespielt wird und auf dem Tisch die erforderliche Fellpflege erfolgt.

Die Pflegeanleitung für den Doodle

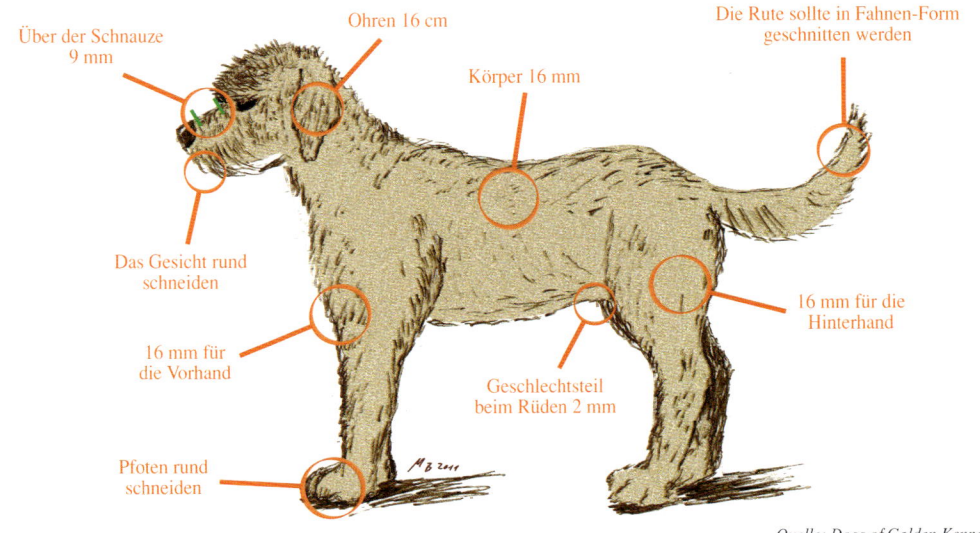

Über der Schnauze 9 mm

Ohren 16 cm

Die Rute sollte in Fahnen-Form geschnitten werden

Körper 16 mm

Das Gesicht rund schneiden

16 mm für die Vorhand

Geschlechtsteil beim Rüden 2 mm

16 mm für die Hinterhand

Pfoten rund schneiden

Quelle: Dogs of Golden Kennel

Charakter
und Wesen

Wir kreuzen Hunde miteinander, die nicht nur von der Anatomie zusammenpassen, sondern die auch sehr viele Charaktereigenschaften teilen. Mir ist es wichtig, Sie auf die unterschiedlichen Wesensmerkmale der einzelnen Doodle-Zuchtformen hinzuweisen.

Was ich allerdings vermeiden möchte, ist, dass hierbei der Eindruck entsteht, der Doodle könnte in so einer Art Baukasten auf die gewünschten Bedürfnisse hin zusammengestellt werden.

Am Anfang jeder neuen Rasse verschieben sich die Anteile der Vorfahren. Ziel ist es, diese im Laufe der Zeit zu einem festen Typ zu festigen. Aber auch bei bereits anerkannten Rassen ist es normal, dass Hunde sich wesensmäßig unterscheiden. So sind beispielsweise dunkle Hunde in ihrem Wesen häufig souveräner als ihre hellen Artgenossen. Aber es sind noch viele andere Faktoren, die sich auf das Wesen des Hundes auswirken können. Die frühzeitliche Prägungsphase des einzelnen Hundes macht sich hier genauso bemerkbar, wie auch eine vorgenommene Kastration Auswirkungen auf das Wesen des Tieres hat.

Sie finden daher hier grobe Angaben zur Wesensdarstellung der unterschiedlichen Doodle-Typen. Jeder Hund sollte auf jeden Fall auch im Einzelnen betrachtet werden, bevor eine Entscheidung getroffen wird.

Der Labradoodle der ersten Generation ist ein arbeitsfreudiger Hund, der häufig dem Labrador Retriever vom Wesen sehr nahe kommt.

wird beim englischen Labrador Retriever als „will to please" bezeichnet und passt daher auch sehr gut auf den F1-Labradoodle. Die Freude am Apportieren ist bei dieser Kreuzung ebenfalls stark ausgeprägt. Ein stundenlanges Stöckchenspiel ist für diese Hunde eine riesige Freude, sollte aber aus gesundheitlichen Gründen nur in Maßen betrieben werden.

Labradoodle F1

Die erste Generation des Labradoodles ist aktiv, arbeitsfreudig und stets bemüht, ihrem Umfeld zu gefallen. Das offene Wesen des Labrador Retrievers kommt hier deutlich zur Geltung. Diese Hunde haben in der Regel keinen Schutztrieb, würden wohl auch größtenteils jedem Einbrecher behilflich sein, das Diebesgut aus dem Hause zu tragen. Die Eigenschaft, jedem gefallen zu wollen,

Labradoodle F1B

In der zweiten Generation des Labradoodles wird deutlich, dass dieser Zuchttyp nicht nur in der Optik, sondern auch im Wesen dem Pudel sehr viel ähnlicher wird. Mit einem Anteil von immerhin 75 Prozent finden Sie bei diesem Doodle-Typ den größten Pudelanteil beim Doodle. Sehr oft ist bei diesen Hunden zu beobachten, dass sie sensibler sind als ihre F1-Vorfahren. Diese Hunde wollen nicht unbedingt jedermann gefallen. Sie tendieren

Der Labradoodle der zweiten Generation ist dem Pudel sehr ähnlich – optisch und charakterlich.

Der Multigen-Doodle ist züchterisch der spannendste Hund. Bei einer Verpaarung sind alle Coat-Typen und sämtliche Wesensausprägungen möglich.

Der Goldendoodle der ersten Generation ist ein sensibler und ausgeglichener Hund.

dazu, sich sehr eng an ihre Bezugsperson anzuschließen. Der F1B-Labradoodle hat in der Regel einen Wavy- oder Curly-Coat. Deshalb ist es hier besonders wichtig, diese Hunde von Anfang richtig zu pflegen und mit dem Training dafür frühzeitig zu beginnen. Ansonsten sind diese Doodle-Vertreter ebenso lebenslustig wie der F1-Labradoodle, wenn auch nicht unbedingt ganz so mutig.

Multigen-Doodle

Für uns als Züchter ist der Multigen-Doodle die wohl spannendste Verpaarung. Hier gibt es schon optisch wesentliche Unterschiede. Es ist möglich, innerhalb eines Wurfes drei unterschiedliche Coat-Typen zu haben: Flat, Wavy und Curly. Ebenso kommen bei dem Multigen-Doodle die größten anfänglichen Erfolge in der Farbverpaarung zum Vorschein. Durch das Kreuzen von unterschiedlichen Farben ist es nicht ungewöhnlich, wenn sich Welpen eines Wurfes dann auch unterschiedlich

in ihrem Wesen zeigen. Eine grobe Orientierungshilfe kann hier nur sein, wie bereits oben erwähnt, dass dunkle Hunde oft souveräner im Wesen sind und die helleren Hunde daher manchmal etwas länger benötigen, um bei Ihrem ersten Besuch den Schnürsenkel anzuknabbern. Wir finden in dieser Kreuzung den idealen Familienhund mit einer sehr intensiven Beziehung zu seiner Familie. Sie sind mit viel Freude nicht nur sportlich unterwegs, sondern sind durch ihre Sensibilität und das Einfühlungsvermögen auch ideale Begleiter für hilfsbedürftige Menschen. Ihre Intelligenz und ihre Freude an der Arbeit können daher sehr gut und zielgerichtet eingesetzt werden, zum Beispiel bei einer Ausbildung zum Therapiehund.

Goldendoodle F1

Die erste Kreuzung des Goldendoodles ist sensibler und feinfühliger als der F1-Labradoodle, sein Temperament ist ruhig und ausgeglichen.

Diese Hunde passen sich sehr häufig problemlos den unterschiedlichen Alltagssituationen an. Sie zeigen bei den täglichen Spaziergängen viel Bewegungsfreude und Neugier, jedoch sind es meist zurückhaltende Vertreter ihrer Rasse. Im Haus verhalten sie sich ruhig und sind zufrieden damit, in der Nähe ihrer Familie zu sein. Sie sind in hohem Maße kinderlieb und geduldig und freuen sich über jede Zuwendung ihrer menschlichen Familie, fordern diese aber selten ein. Auch bei diesem Doodle-Typ steht der Wunsch, seinem Menschen zu gefallen, sehr ausgeprägt im Vordergrund.

Im Double-Doodle vereinen sich Pudel, Labrador Retriever und Golden Retriever.

F1B-Goldendoodle

Bei dieser Kreuzung können wir mit sehr viel Haar rechnen, was nicht bedeutet, dass diese Hunde haaren. Diese Zuchtform sucht viel Nähe zum Menschen und erfüllt pflichtbewusst ihre Aufgaben während der Ausbildung. Das größte Lob für diese Hunde ist die streichelnde Hand

Der Goldendoodle der zweiten Generation fällt auf durch sehr viel dichtes Fell, haart aber nicht.

ihres Menschen. Kinderlieb, neugierig und sehr strebsam, passt der Goldendoodle in nahezu jede Familie.

Double-Doodle

Bei dieser Zuchtform sind nun alle drei Ursprungsrassen miteinander vereint: Der Double-Doodle trägt Anteile des Labrador Retrievers, des Golden Retrievers sowie des Pudels. Das Ziel ist es, alle positiven Rassemerkmale der Ursprungsrassen zu festigen, einen familienfreundlichen Hund zu züchten und dabei die Allergikereignung sowie das Nichthaaren dieser Hunde zu stabilisieren, wobei hier natürlich auch wieder die jeweilige Zuchtform zu berücksichtigen ist. Je nach Anteil der einzelnen Rasse werden Double-Doodle-Hunde sich im Wesen und Fellstruktur unterscheiden.

Der Doodle und Allergien

Sollten Sie oder eines Ihrer Familienmitglieder unter Allergien leiden, so ist
dies mit Sicherheit ein sehr wichtiges und
ausschlaggebendes Kapitel in Bezug auf
die endgültige Entscheidung zum Thema
„Hund als Familienmitglied".

Unsere persönlichen Erfahrungen haben allerdings gezeigt, dass es zwingend notwendig ist, einen Test direkt beim Züchter Ihres Vertrauens vor Ort zu machen. Denn nur dieser wird Ihnen Ihre Ängste nehmen und kann Ihnen endgültige Gewissheit verschaffen.

Allgemeine Informationen zur Hundeallergie

Allergische Reaktionen auf den Hund stehen auf Platz zwei der Tierallergien beim Menschen – angeführt wird diese Liste von der Katze. Verursacht werden diese Allergien durch Haare, Hautschuppen oder auch durch den Speichel des Tieres.

In den letzten Jahren hatten wir in unserer Zucht einige Besucher mit den unterschiedlichsten Formen von Allergien, bei denen aber trotz allem der Wunsch vorhanden war, einen Hund als täglichen Begleiter zu haben. Beim Kontakt mit dem Hund kann der Körper unterschiedlich auf die verschiedenen Substanzen reagieren. Mehrfach haben wir es erlebt, dass sich besorgte Allergiker Speichel eines Hundes in die Augen laufen lassen wollten, um die Reaktion zu testen. Natürlich ist von solch einem Allergietest dringend abzuraten, da es bei dem normalen Umgang mit dem Hund ganz sicher nicht zu solch einer Form des Kontaktes kommt und dabei auch Bakterien ins Auge kommen könnten. Fakt ist, dass allergieauslösende Speichelenzyme eine allergische Reaktion auslösen können. Unbedingt ratsam

Nicht zuletzt seine Eignung auch für Allergiker macht dem Doodle so beliebt.

bei jeder Form der Allergie sind in erster Linie ganz normale Hygieneregeln, wie beispielsweise das Waschen der Hände nach dem Kontakt mit dem Hund. Die meisten Hunde wechseln in regelmäßigen Abständen Haut und Haar, wodurch die Allergien beim Menschen ausgelöst werden können. Nicht auf jeden Hund reagieren Allergiker allerdings gleichermaßen. Daher sind wir sehr glücklich, dass wir in unserer Zucht bereits so viele positive Erfahrungen sammeln konnten.

43

Der tägliche Umgang mit dem Hund kann das Risiko, an einer Allergie zu erkranken, deutlich reduzieren.

Schutz vor Allergien

Sie haben bestimmt auch schon davon gehört, dass Kinder, die auf einem Bauernhof aufwachsen, weniger unter Allergien leiden. Und nicht nur das, Wissenschaftler sind der Meinung, dass ein Zusammenleben mit Tieren im günstigsten Fall sogar vor Allergien schützen kann. Auch berichten glückliche Doodle-Besitzer immer wieder, dass sich grundsätzlich bestimmte Formen der Allergien zum Positiven entwickelt haben. Welpenkäufer haben uns vielfach berichtet, dass dieses wohl auch mit den neuen Lebensgewohnheiten, die die Haltung eines Hundes mit sich bringt – wie dem täglichen Spazierengehen – zu tun hat.

Tausendsassa Doodle —
Erfahrungsberichte von glücklichen Doodle-Besitzern

Aufgrund seines ausgeglichenen Wesens und der unterschiedlichen Zuchtformen und Größen bietet der Doodle eine Vielseitigkeit, die bei kaum einer anderen Rasse zu finden ist. Mir ist es sehr wichtig, dass in diesem Buch Fallbeispiele veröffentlicht werden, deren Verfasser anfangs Bedenken in den unterschiedlichsten Bereichen hatten. Sei es, dass sie Allergiker oder Ersthundebesitzer waren …

Familienhund –
Die Kleins und Stanley
of Golden Kennel

Wie bestimmt in vielen Familien kam auch bei uns irgendwann die Frage der Kinder nach einem eigenen Haustier auf. Und wie sicher viele Eltern nachvollziehen können, ist dies ein Thema, das gut überlegt sein möchte. Man überlegt hin und her, wägt Vor- und Nachteile eines Haustieres ab, geht verschiedene Tiere durch, versucht abzulenken, Alternativen zu schaffen, den Wunsch zu verdrängen oder zu ignorieren. Und dann gibt man am Ende dem Herzenswunsch der lieben Kleinen nach. (Zumindest war das bei uns so. Diese Phase dauerte allerdings circa zweieinhalb Jahre.)

Es sollte auf jeden Fall ein familienfreundlicher, kinderlieber Hund sein, da waren wir uns schnell einig. Es sollte natürlich auch ein kuscheliger Hund sein (für die Schmuseeinheiten), allergikergeeignet (da ein Kind eine Hundehaarallergie hat), er sollte nicht zu schwer erziehbar sein (da reichen drei Kinder) und zum Joggen sollte er auch geeignet sein. Wenn er dann auch noch ein eher ruhiges, ausgeglichenes Wesen haben würde – aber auf keinen Fall wollten wir ein langweiliges Tier – dann wäre das sicher die optimale Kombination, mit der jedes Familienmitglied glücklich werden würde. Aber konnte es das geben?

So einen Hund zu finden gestaltete sich anfangs gar nicht so einfach, doch zu Zeiten von Google war es auch kein ganz hoffnungsloses Unterfangen. Der Kreis der in Frage kommenden Rassen wurde schnell minimiert, sodass am Ende unsere Wahl auf den Goldendoodle fiel, in der Hoffnung, dass diese Kreuzung die meisten der von uns gewünschten Eigenschaften erfüllen würde. Vor allem aber die eine – er sollte auf jeden Fall auch für allergische Menschen geeignet sein. Denn ein Tier anzuschaffen und es nach kurzer Zeit wieder weggeben zu müssen, kam für uns gar nicht in Frage.

Die Entscheidung der „Rasse" war somit gefallen. Blieb noch zu überlegen, welches Geschlecht sich wohl besser in unserer Familie integrieren lassen würde. Doch egal ob Rüde oder Hündin, beides hat Vorteile oder auch Nachteile. Also gaben wir dem Wunsch des Papas nach – schließlich hatte er noch die meisten Bedenken – und entschieden uns für einen Rüden.

Schon bei der ersten Begegnung mit dem kleinen Welpen war klar, dass wir die richtige Rasse für uns ausgesucht und auch gefunden hatten. Der kleine „Goldfinger" (das war sein eingetragener Name) präsentierte sich uns als ein aufgeschlossener, neugieriger und unternehmungslustiger Welpe. Und allein sein Anblick ließ auch die letzten Zweifel (die natürlich nur bei den Eltern noch vorherrschten) schwinden. Wir hatten uns entschieden und unseren Hund ausgewählt, und er uns natürlich auch. Alle Probleme, die die Anschaffung eines Hundes mit sich bringen könnten (zum Beispiel: Was machen wir mit dem Hund, wenn wir in den Urlaub fahren? Können wir bei drei Kindern noch genug Zeit für die Erziehung eines Hundes aufbringen?), waren

Stanley of Golden Kennel – ein toller Familienhund
(Foto: Jasper Ehrich Fotografie).

auf einmal schlagartig vergessen! Es war bei uns allen Liebe auf den ersten Blick.

Nach endlos erscheinenden vier Tagen war es dann endlich soweit, wir konnten unseren Hund, der von nun an auf den Namen Stanley hören sollte, endlich nach Hause holen.

In der ersten (und ehrlicherweise auch in der zweiten und dritten Nacht) hat Stanley dann doch ein wenig „Heimweh" gehabt und gejault, was uns natürlich fast das Herz brach. Aber sobald das erste menschliche Wesen sich ihm näherte, war das sofort vergessen. Er begriff sehr rasch, dass das Jaulen nachts nichts bringt, und stellte es ein. Braver Hund.

Auch das erste Lernziel „Stubenreinheit" erreichte er schnell und ohne größere Mühe unsererseits. Die dem Doodle nachgesagte Eigenschaft, er sei ein recht intelligenter, lernbereiter Hund, schien sich also – zumindest in unserem Fall – zu bestätigen. Schon nach etwa 14 Tagen wusste er, dass man sich nicht im Zimmer lösen durfte, sondern dass das besser draußen erledigt wird. Wir waren alle ganz begeistert von dem gut erziehbaren Hund und egal wer uns besuchte oder wen wir auf der Straße beim Gassi gehen trafen, Stanley eroberte die Herzen im Sturm. Auf den ersten Blick sicher durch sein Äußeres, wer ihn aber auch beim Spielen oder einfach als neues Familienmitglied erlebte, wurde zusätzlich durch sein liebes Wesen überzeugt. Es vergeht bis heute kaum ein Tag, an dem wir nicht angesprochen werden auf diesen außergewöhnlich schönen Hund mit dem tollen, weichen Fell. Und zu unserer Freude war und ist es tatsächlich so, dass Stanley so gut wie gar nicht haart und es auch zu keinen allergischen Reaktionen bei unserem Sohn kam (zum Glück!). Auch die Fellpflege ist nicht besonders aufwendig. Solange man ihn regelmäßig bürstet und ab und zu mal scheren lässt, hält sich der Aufwand für die Pflege in Grenzen. Alle unsere Wünsche und Vorstellungen, wie unser neuer „bester Freund" sein sollte, wurden erfüllt.

Stanley ist von Anfang an stets bemüht gewesen, uns zu gefallen und alles richtig zu machen. Ausnahmen bestätigen selbstverständlich auch bei ihm die Regel. Ein Wesensmerkmal, das ihn ebenfalls so besonders für uns macht, ist, dass er sich den verschiedenen Alltagssituationen wunderbar anpassen kann – und von diesen verschiedenen Situationen gibt es bei uns reichlich. Er freut sich, wenn man viel Zeit für ihn hat und diese auch mit ihm verbringt, ist aber auch mal mit weniger Aufmerksamkeit zufrieden. Dies ist eine tolle Eigenschaft von ihm und für uns als Familie eine echte Erleichterung, denn es gibt durchaus auch Tage, an denen er mit recht wenig Aufmerksamkeit zurechtkommen muss, da einfach keine Zeit über ist. Da reicht es ihm aber schon, einfach nur dabei zu sein.

Auch die Wesensmerkmale, die man dem Doodle im Allgemeinen nachsagt und die uns bewogen haben, uns für diese Rasse zu entscheiden (wenig haarend, ausgeglichenes Wesen, intelligent, lernwillig), besitzt Stanley auf jeden Fall! Wir können nur sagen, dass aus unserer heutigen Sicht der Doodle der perfekte Familienhund ist. Und wenn wir zum Thema „Hund" von anderen Familien befragt werden, dann empfehlen wir ihn ohne Wenn und Aber weiter. Wir können nur bestätigen, dass alle positiven Eigenschaften, die dieser „Rasse" nachgesagt werden bei, unserem Hund absolut zutreffen. Er ist unser Superhund.

Allergikerhund – Hanja Pircher und Cini of Golden Kennel

Warum haben Sie sich für einen Labra- oder Goldendoodle entschieden?

Ich habe als Allergikerin nach einer Möglichkeit gesucht, einen Hund zu besitzen. Bei Google habe ich den Begriff „Hund für Allergiker" eingegeben und bin so auf den Labradoodle gekommen und auf die Seite von Familie Werner gestoßen.

Ist dieser Hund Ihr erster Hund?

Nein, ich bin mit Hunden aufgewachsen. Die Allergie ist während und nach der Pubertät zunehmend stärker geworden (vom Meerschweinchen, Pferd, Katzen und dann bis zum Hund).

Was waren Ihre Bedenken vor der Anschaffung?

Der erste Gedanke war, es sei doch gar nicht möglich, dass es Hunde geben soll, die keine Allergien auslösen. Der zweite Gedanke war, was ist, wenn ich mir einen Labradoodle anschaffe und allergisch reagiere? Ein Traum wäre zum Albtraum geworden. Ich hätte mich von dem Hund trennen müssen. Und dann? Ich und meine Familie wären unglücklich gewesen, der Hund hätte ausziehen müssen. Könnte ich das verantworten? Wie hält der Labradoodle die tiefen Temperaturen und den langen Winter bei uns aus, da er keine Unterwolle hat? All diese Bedenken wurden durch ein ausführliches Gespräch mit Herrn Werner geringer. Ich konnte die Zucht „Dogs of Golden Kennel" besuchen und weitere Gespräche führen. So stand der Entschluss fest, eine Labradoodlehündin in unserer Familie aufzunehmen. Die erwähnten Bedenken sind nicht wahr geworden und der Doodle wird immer ein Mitglied unserer Familie sein, da er uns allen gut tut.

Haben Sie sich für einen Rüden oder für eine Hündin entschieden? Warum?

Ich habe mich ganz bewusst für eine Hündin entschieden.

Wir hatten immer Hündinnen. Sie sind anhänglich und einfacher zu erziehen. Das Markieren der Rüden finde ich sehr lästig.

Haben Sie bestimmte Erwartungen an Ihren Hund und hat er diese bisher erfüllt?

Ich habe mich mit den beiden Rassen, dem Pudel und dem Labrador, auseinandergesetzt. Diese Kreuzung ist für mich eine gelungene Kreuzung bezüglich der Körpergröße und des Charakters. Ich konnte sehr schnell feststellen, dass wir den „perfekten Hund" bekommen haben. Das Wichtigste ist aber, dass ich auch heute, nach fast vier Jahren, nicht auf unseren Hund und andere Doodles (unsere erwachsene Tochter besitzt seit zwei Jahren auch einen Doodle) allergisch reagiere.

Was schätzen Sie an Ihrer Hündin besonders?

Ich schätze besonders, dass sie absolut verlässlich ist. Die Erziehung ist einfach. Ich bin immer wieder stolz auf meinen wohlerzogenen Hund. Man kann unseren Hund überall mit hinnehmen. Sie ist zu jedem Menschen und zu anderen Hunden freundlich. Die, die sie nicht mag, denen geht sie aus dem Weg. Die F1B-Generation verliert kein Fell, was eine schöne Nebenerscheinung ist.

Welche Wesensmerkmale sind aus Ihrer Sicht typisch für diese Hunde?

Familienbezogen, aufmerksam, einfach erziehbar, lernbegierig, sehr ruhig im Haus, freundlich zu Kindern und anderen Hunden, verspielt und sie sind ein echter Hingucker, sodass man überall auf diese schönen Hunde angesprochen wird; mit diesem Hund findet man sofort Kontakt.

Welche Erfahrungen haben Sie bisher bei der Erziehung gemacht?

Die Erziehung verlief von Anfang an unproblematisch. In der Welpenschule und im Junghundekurs hat unser Hund alles schnell begriffen. Das Gelernte ist immer abrufbar. Unser Hund freut sich auf die Hundetrainingsstunden – einfach, weil es dem Hund und dem Menschen Spaß

macht. Besonders beim Mantrailing zeigt sich, wie aufmerksam und konzentriert unser Hund seine Aufgabe zu lösen versucht.

Welche Ansprüche stellen diese besonderen Hunde an Haltung und Pflege?

Je höher der Pudelanteil, desto intensiver die Fellpflege. Unser Hund ist ein F1B-Labradoodle und hat ein wolliges Fell. Das bedeutet regelmäßige Pflege des Fells. Ich halte das Fell eher kurz, in dem ich das Fell selber schere und regelmäßig wasche.

Haben Sie Tipps für zukünftige Halter und Interessenten dieser Hunde?

In erster Linie ist es wichtig, dass man sich an einen seriösen Züchter wendet, gerade, wenn man selber Allergiker ist. Ansonsten gilt genau das, was allgemein bei einer Anschaffung eines Hundes zu bedenken ist. Diese Hunde sind auf jeden Fall Familienhunde und sind sicher besonders glücklich, wenn sie mit ihrer Familie zusammen sein dürfen. Stundenlanges Warten und wenig Beschäftigung machen den Doodle traurig. Unsere Tochter nimmt ihren Doodle mit ins Büro, was ganz unproblematisch ist.

Betreiben Sie Hundesport mit Ihrem Hund oder setzen Sie ihn anderweitig ein zum Beispiel als Rettungshund?

Ja. Wir, meine Tochter und ich, gehen regelmäßig ins Hundetraining. Im Augenblick betreiben wir Mantrailing – die Suche nach vermissten Personen. Wir haben uns für diese Form von Beschäftigung für unsere Hunde entschieden, weil es uns allen einfach Spaß macht. Es fördert die Beziehung zwischen Hund und Mensch.

Therapiehund –
Ben und Paul
of Golden Kennel

Wir hatten Hamster, Fische und Schildkröten, aber noch nie einen Hund. Der Traum vom eigenen Hund würde wohl nie wahr werden, denn wann immer meine Kinder und ich einen Hund streichelten, bekamen wir spätestens nach ein paar Stunden Hautausschläge oder heftig juckende Handinnenflächen. Diagnose: Hundehaarallergie – das Schlimmste, was einer hundeverrückten Familie passieren kann.

Die Überschrift eines Artikels in einer Sonntagszeitung machte uns auf die „ersten Labradoodles Deutschlands" aufmerksam. Schon vorher hatten wir von diesen Hunden gehört, die ja bestens für Hundehaarallergiker geeignet sein sollten. Ein erster telefonischer Kontakt mit dem Züchter ließ uns auf einen Hund aus diesem Wurf hoffen. Obwohl schon alle Welpen versprochen waren, ließ unsere Geschichte dem Züchter Andreas Werner keine Ruhe. Meine Tochter ist schwer rheumakrank und wünschte sich sehnlichst einen Hund. Als dann einer der Labradoodle-Väter in spe aus gesundheitlichen Gründen seinen Welpen nicht übernehmen konnte, standen wir ganz oben auf der Warteliste.

Zwei Wochen später machten wir uns auf den Weg zum Züchter, um unser neues Familienmitglied abzuholen. Ben, ein kleiner goldfarbener Welpe mit roter Nase und dunklen Augen.

Vom ersten Augenblick an hatte er die Herzen sämtlicher Familienmitglieder erobert. Meine beiden Kinder sprangen im Garten herum und spielten und jagten über das Grundstück. Für mich als Mutter ein ungewohnter Anblick, aber der kleine muntere Kerl ließ die Kinder ihre Schmerzen vergessen. Jetzt erlebte ich am eigenen Leib, wie sehr ein Hund gerade die Entwicklung von kranken Kindern positiv beeinflussen kann.

Nach wenigen Monaten war klar: Ben würde nicht unser einziger Hund bleiben. Wieder fuhr ich, Ben im Schlepptau, zum Züchter nach Hannover und holte Paul ab: schwarz, temperamentvoll und genauso hübsch wie Ben.

Von jetzt an tollten zwei Hunde und zwei muntere Kinder durch den Garten, herrlich! Natürlich mussten die Hunde erzogen und ausgebildet werden. Ben war mittlerweile zu einem klugen und gelehrigen Junghund herangewachsen. Er beherrschte alle wichtigen Kommandos und jeden Samstagvormittag fuhren wir in die Hundeschule. Paul lernte schnell und orientierte sich stark an Ben. Beide Hunde waren gehorsam, hatten aber doch sehr unterschiedliche Charaktereigenschaften. Ben ist ein sehr gemütlicher und besonnener Artgenosse und brachte Ruhe in das Chaos einer Familie mit zwei pubertierenden Teenagern. Paul ist wissbegierig und temperamentvoll, will immer Neues dazulernen und freut sich auf jede Übungseinheit.

Mein Tierarzt erzählte mir irgendwann von einem Verein in der Nähe, der sich „Tiere als Co-Therapeuten e.V." nannte und Hunde ausbildete, um sie ehrenamtlich in verschiedenen sozialen Einrichtungen einzusetzen. Ich meldete Paul und mich zur Ausbildung an. Die Ausbilderin des Vereins, eine anerkannte Hundetrainerin, prüfte die Eignung Pauls zur Ausbildung zum Therapiehund.

Die Grundvoraussetzung für eine Ausbildung ist die feste Bindung des Hundes zu seinem Bezugsmenschen. Der Hund sollte ein freundliches Wesen gegenüber Menschen und anderen Tieren haben, menschenbezogen und führungswillig sein, gerne berührt und gestreichelt werden, eine hohe Toleranz und Reizschwelle haben, aggressionsarm und weder scheu noch ängstlich sein. Außerdem sollte er einen guten Grundgehorsam haben, gepflegt, sauber und geimpft sein. All diese Voraussetzungen erfüllte Paul.

Ich als Besitzerin sollte Sachkenntnisse über Haltung, Pflege Ernährung und Gesundheit des Hundes, eine soziale Einstellung gegenüber Mitmenschen und die Bereitschaft zur ehrenamtlichen Tätigkeit haben. Auch ich erfüllte die Voraussetzungen, und nach einem Wesenstest von Paul konnte die 18-monatige Ausbildung beginnen.

Ein- bis zweimal wöchentlich fand je nach Übungseinheit das Training mit dem Hund statt, dazu kam einmal wöchentlich ein theoretischer Teil für mich als Hundehalterin. Die Arbeit mit dem Hund setzte sich aus folgenden Themen zusammen: Wortgehorsam, Heranführen an ungewohnte Situationen wie zum Beispiel große Menschengruppen, Begegnung mit behinderten Menschen, Begegnungen mit Kindern, wechselnde Geräuschkulissen.

Die Arbeit mit dem Hundehalter beinhaltete folgende Unterrichtseinheiten: Calming Signals – Erlernen der Hundesprache (wann ist er überfordert, wann ist er erschöpft, macht ihm etwas Angst), Erste Hilfe am Hund und psychologische Grundkenntnisse in der Begegnung von Mensch

Cini of Golden Kennel – der Allergiker-Doodle.

und Tier. Die Ausbildung schloss mit einer theoretischen und einer praktischen Prüfung ab. Während der gesamten Ausbildungszeit fanden regelmäßig Besuche mit und ohne Trainerin in sozialen Einrichtungen statt. Ich habe mich für die Arbeit mit alten und dementen Menschen entschieden und besuchte daher häufig ein Altenheim. Dort arbeiteten Paul und ich mit Menschen aus einer Wohngruppe für Demenzkranke.

Schon wenn ich Paul seine „Uniform" – eine Weste mit der Aufschrift „Therapiehund im Einsatz" – überzog, drehte sich sein Schwanz wie ein Propeller vor Aufregung und Freude. Die Tür war noch nicht ganz geöffnet und Paul schoss aus dem Auto. In einem kleinen Raum erwarteten uns schon ungeduldig unsere Senioren, und Paul wurde jedes Mal mit Pauken und Trompeten begrüßt. Selbst Demenzkranke im fortgeschrittenen Stadium haben im Laufe der Jahre ein Gespür für Paul entwickelt und mit ihren Reaktionen auf den Hund die Pflegerinnen und mich erstaunt. Pauls Lieblingsspiel heißt „Such den Ball". Ich verstecke sein Lieblingsspielzeug, einen kleinen weichen Gummiball, bei den alten Menschen. Mit der Zeit wurden die Verstecke immer kühner, hinter dem Rücken einer Frau, die im Rollstuhl sitzt, oder unter der Kleidung der Bewohner. Paul fand den Ball jedes Mal mühelos, auch wenn er noch so raffiniert versteckt war.

Die eine Stunde Therapieeinsatz vergeht immer viel zu schnell, aber am Ende sind Hund und Menschen glücklich und erschöpft. Zum Abschluss gibt es Leckerli von allen, und Paul schläft im Auto meistens sofort ein. Insbesondere für Tierhaarallergiker bietet der Einsatz des Labradoodles endlich eine Möglichkeit, mit Hunden in Berührung zu kommen. Ich kann mir ein Leben ohne Hund, ohne Labradoodle, ohne Ben und Paul, heute kaum mehr vorstellen und bin froh, diese Erfahrungen sammeln zu dürfen.

Ben und Paul of Golden Kennel – als Therapiehunde im Einsatz.

Doodle-Liebe – Mutz, Charly und Amy of Golden Kennel

Vor zehn Jahren saß ich in einem Flugzeug von Wien nach Malaga, als ich in einer Zeitung das Foto eines Labradoodles sah. Schon damals wusste ich: Das wird mein Hund. Eine optisch und charakterlich wunderbar gelungene Mischung, die auch noch wenig bis gar nicht haart.

Etliche Jahre später war es dann soweit, unsere Hündin Mutz (F1), aus der Zucht von Familie Werner, wurde mir am Flughafen Hannover übergeben. In den nächsten Monaten erfüllten sich alle Vorstellungen und Wünsche, die ich in die Hündin gesetzt hatte. Lange Spaziergänge, gutes Training und fröhliches Spielen – alles war mit ihr möglich. Zu Hause war sie sehr ruhig, brav und ausgeglichen und gar keine Belastung, sodass ein starker Wunsch nach Nummer zwei entstand.

Diesmal – persönlich bei Herrn Werner vor Ort selbst ausgesucht – bekamen wir Charly (F1B), unseren Rüden. Zu Hause angekommen, gab es keine Probleme mit dem Eingewöhnen. Die beiden haben sich auf Anhieb super verstanden und das ist bis heute so geblieben. Weiter Liebe, Spaß, Training und eine Therapiehundeprüfung mit Charly.

Das Interesse an den Doodles ließ mich einfach nicht mehr los und Ausflüge zu den Dogs of Golden Kennel folgten, wo ich immer freundlich von Familie Werner empfangen wurde. Einige Freundinnen von mir wurden mit Doodles aus

Langelsheim glücklich. Bei einem dieser Besuche lernte ich Amy (multigen) kennen, die mittlerweile unsere flotte, derzeit fünfeinhalb Monate alte Nummer drei geworden ist. Heute könnte ich mir das Leben ohne diese überschwänglichen Begrüßungen, grenzenlose Treue und Spaziergänge bei jedem Wetter gar nicht mehr vorstellen.

Jetzt haben wir Glück mal drei, aber wer weiß, wie diese Geschichte weitergeht …

Mutz, Charly und Amy of Golden Kennel – dreimal Doodle-Freude. (Foto: Alexander Rosen)

Dr. Anne Spielhofen und Faye of Golden Kennel

Ist Faye Ihr erster Hund?

Nein, ich bin über 20 Jahre mit der Deutschen Doggen-Zucht meiner Oma groß geworden. Im zarten Alter von sechs Jahren bekam ich meinen ersten „eigenen" Hund, einen Bassett. Es folgten ein Boxer und ein Rauhaardackel, den ich für den witzigsten Hund der Welt hielt.

Warum haben Sie sich für einen Goldendoodle entschieden?

Nach dem Tod unseres Dackels habe ich mir geschworen, dass meine hundelosen Tage gezählt seien, nur – mit einem Vollzeitjob, der einen um die ganze Welt führt, ist Hundehaltung bekanntermaßen schwierig. Nach Boxer, Bassett & Dackel war die Rassefrage etwas vertrackt. Auf keinen Fall wollte ich einen typischen „Trendhund" haben, wie z.B. einen Golden Retriever oder Labrador. Kinderlieb musste er sein, anpassungsfähig, gutmütig, witzig, klug und lernwillig. Ziemlich viel auf einmal. Und abheben

von der Menge sollte er sich. 2009 war ich mit meinen Eltern und meinem Bruder in New York. Und dort, mitten im Meatpacking District sah ich ihn: einen schön gewachsenen eleganten Hund mit welligem, karamellfarbenem Fell und anmutiger Bewegung. Obwohl ich bis dato von mir glaubte, alle Hunderassen zu kennen, blieb ich meinen Eltern eine Antwort auf die Frage „Was ist das denn für eine Rasse?" schuldig. Also fragte ich nach und bekam die für mich – damals noch – merkwürdige Antwort „Labradoodle". Kaum zurück in Europa und meiner Rückkehr nach Deutschland begann meine Internetrecherche, die mich bald auf die Seite vom Golden Kennel geführt hat. Nach einem Erkundungsbesuch bei Familie Werner im November 2009 stand mein Entschluss dann fest: ein Goldendoodle soll es werden. Also ließ ich mich auf die Warteliste setzen und im Mai 2010 war es dann soweit: Mein Goldendoodle war geboren!

Warum haben Sie sich für eine Hündin entschieden?

Das ist bei uns schon fast Familientradition: meine Doggen züchtende Oma hat immer Mutter und eine Tochter behalten und mit dieser dann weitergezüchtet. Auch unsere Familienhunde waren immer weiblich. Da man ja die „typischen" Rüdenprobleme kennt, war meine Entscheidung von vornherein klar: eine Hündin soll es sein und ich hatte Familie Werner gebeten, mir eine aus dem Wurf zu reservieren. Es wurden dann drei Mädels und fünf Jungs. Die erste Hündin verkroch sich direkt und ward nicht mehr gesehen, die zweite kam schnurstracks auf mich zu und knabberte an mir rum, während ich auf dem Rasen hockte und Nummer drei kam auf sachten Pfoten von hinten, legte sich zwischen meine Füße, rollte sich auf den Rücken und sah mich an. Als ich wegging, hatte Nummer zwei ihr Interesse an mir schon verloren, nur Nummer drei folgte mir beharrlich. Damit war die Sache klar: die und keine andere soll es sein. Mein Hund. Mein Goldendoodle. Meine Faye.

Welche Erfahrungen haben Sie mit der Erziehung von Faye gemacht?

Ich muss sagen, dass ich das goldene Los gezogen habe: selten hatte ich einen Hund, der so leicht zu erziehen ist, wie mein Goldendoodle. Sicher war ich am Anfang unsicher, da sich in den Jahren seit dem Tode unseres Dackels 1995 erziehungstechnisch sehr viel verändert hat. Man muss also seinen eigenen Stil finden. Ich habe „einfach" den Stil verfolgt, den ich immer schon bei allen Hunden hatte: entspannt, spielerisch, liebe- und vor allem humorvoll konsequent. Meine Faye hat schon nach sehr kurzer Zeit gemerkt, wo ihre Grenzen sind, was Spaß und was Ernst ist. Ich habe sie auch von Anfang an mit allem „konfrontiert": Wald, Hundewiesen, Straßenbahnen, Rolltreppen, Restaurant, also alles, was eine Stadt wie Frankfurt so bietet. Sehr hilfreich ist auch die sehr gute Sozialisierung der Welpen bei und durch Familie Werner. Faye war von Anfang an ein extrem entspannter und ruhiger Hund, der sich anpasst und kaum auffällt, aber trotzdem keine „Schlaftablette" sondern sehr temperamentvoll ist. Von Anfang an habe ich sie immer mal für einige Minuten alleine gelassen, um zum Briefkasten bzw. Mülleimer zu gehen und die Zeiträume langsam ausgedehnt, obwohl wir durch meine Homeoffice-Tätigkeit Tag und Nacht zusammen sind. Faye hat von Anfang an nie etwas zerstört oder kaputt gemacht und bleibt ruhig und entspannt an der Türe liegen, bis ich zurückkomme. Bei uns gab und gibt es keine Machtkämpfe, die Rollenverteilung war von Anfang an klar. Sie ist nicht futterneidisch und man kann sie jederzeit anfassen, selbst wenn sie an Knochen nagt, wird man schwanzwedelnd begrüßt. Diese Rasse macht einem – selbst unerfahrenen – Hundehalter die Erziehung sehr leicht, da sie Fehler verzeiht und sich jeder Situation anpasst.

Welche Wesensmerkmale sind Ihrer Meinung nach Doodle-typisch?

Diese „Rasse" hat das Beste aus beiden Elternteilen Pudel & Retriever. Den typischen Retriever-eigenen „Will to please" und die Pudeltypische Intelligenz & Sturheit. Meine Goldendoodle Faye ist sehr lernbegierig und muss entsprechend geistig gefordert und ausgelastet werden. Als reiner „Haushund" wird diese Rasse nicht glücklich, da sie eine Aufgabe braucht. Doodlebesitzer sollen sich außerdem darüber im Klaren sein, dass sie einen absolut Wasser liebenden Hund erworben haben, ein Erbe, das von beiden Elternteilen stammt. Wenn man dem Doodle ein- bis zweimal pro Woche die Möglichkeit zum Schwimmen gibt, hat man einen absolut glücklichen Hund. Doodle sind sehr sanftmütige, liebevolle und vorsichtige Hunde, die sich nicht in den Vordergrund drängen. Zu meiner großen Überraschung hat Faye auch einen guten Bewacherinstinkt entwickelt und schlägt bei ungewohnten Geräuschen an. Es wird dann zwei- bis dreimal gebellt, bis ich „übernehme" und dann ist gut, der Hund ist kein Dauerkläffer. Doodle sind gute Beobachter: dem Pudel wird ja nachgesagt, der „Schatten" seines Besitzers zu sein und so folgt mein Hund mir selbst in der Wohnung fast überall hin. Das hat nichts mit Kontrolle zu tun. In dem Barron's Buch „Goldendoodles" steht, dass der Doodle einen mit den Augen verfolgt. Das muss man mögen.

Hat der Hund Ihre Erwartungen erfüllt und was schätzen Sie besonders an Ihrem Hund?

Oh ja! Diese Rasse hat das Beste aus beiden Elternteilen. Die nächsten Zeilen sind eine Liebeserklärung an den Goldendoodle im Allgemeinen und meinem Hund Faye im Besonderen: ich habe selten einen so entspannten, ausgeglichenen und freundlichen Hund erlebt. Egal ob

Faye of Golden Kennel und Dr. Anne Spielhofen.

Erwachsene, Kinder, andere Hunde oder andere Tiere: Alles wird freundlich, neugierig und interessiert begrüßt und begutachtet. Welpen können mit und auf ihr herumtoben: es stört sie nicht. Da wo andere Hunde schon Grenzen setzen, bleibt Faye tiefenentspannt. Silvester, Gewitter? Kein Problem. Wenn Besuchshunde da sind gibt es keine Dominanz gegenüber Wohnung, Spielzeug und Futter: wir haben ein offenes Haus für alle und teilen alles. Autofahren: Super! Gehorsam: prima, allerdings wird pudeltypisch entschieden, ob es dringend ist oder nicht. Als Faye acht Monate jung war, habe ich sie zum ersten Mal mit in die Stadt in ein großes Kaufhaus genommen, weil ich etwas umtauschen musste. Ich habe Faye mit Leine gegenüber der Kasse ins „Platz" gelegt und den Befehl „Bleib" gesagt und bin ca. zehn Minuten aus ihrem Sichtfeld verschwunden. Als ich zurückkam, lag mein Hund immer noch da, wo ich sie abgelegt hatte und schaute sich das Treiben um sie herum aufmerksam an. Einige umstehende Leute hatten das beobachtet und waren fasziniert, wie entspannt ein so junger Hund das macht.

Überlegungen
vor dem Kauf

Ich persönlich vergleiche die Überlegungen, einen Hund in die Familie aufzunehmen, sehr gerne mit der Überlegung, schwanger zu werden und ein Kind zu bekommen. Auch hier ist jeder Hundefreund unterschiedlich zu betrachten. Der eine trifft schneller diese Entscheidung, der andere benötigt für diese Phase mehr Zeit – und das ist auch völlig in Ordnung.

Niemand sollte sich hier unter Druck setzen, sich selbst stressen oder gar von Dritten unter Druck setzen lassen. Diese Form der „Schwangerschaft" sollte sogar regelrecht genossen werden. Das Abwägen von Für und Wider und die damit verbundenen Bauchschmerzen gehören genauso dazu wie die positiven Gedanken und Glücksgefühle, die hiermit einhergehen. Für viele soll es der erste Hund sein, oder vielleicht der erste gemeinsame Familienhund. Es gibt Familien, für die ist ein Hund als Begleiter eine Selbstverständlichkeit. Andere wiederum hegen im Vorfeld große Zweifel und haben viele Bedenken. Auch wenn der Wunsch nach dem vierbeinigen Familienmitglied groß ist, wird ein Hund sehr oft als Belastung gesehen – obwohl er ja eigentlich eine Bereicherung für die Familie und das tägliche Leben sein soll.

Wenn ein Züchter von einer Familie Besuch bekommt, die bereits vor 14 Jahren einen Hund von diesem bekommen hat und nun auf der Suche nach einem Nachfolger ihres besten Freundes ist, ist das in keinster Weise mit einer Familie zu vergleichen, die noch sehr unsicher in ihrer Entscheidung ist, sich ihren ersten gemeinsamen Hund anzuschaffen. Die eine kann sich bereits jetzt auf die Auswahl ihres Welpen konzentrieren, die andere begleitet dabei immer noch ein unsicheres Gefühl. Auch wenn der Wunsch nach einem Hund vorhanden ist, kann aufgrund der inneren Unsicherheit der Anblick der Welpen nicht genossen werden. Häufig sind es auch Allergien und die Angst vor gesundheitlichen Reaktionen eines Familienmitgliedes, die zu Recht ein ungutes Gefühl hinterlassen.

Der Doodle ist wie jeder Hund, ein hochsoziales Lebewesen, dessen Bedürfnis nach „Familienanschluss" nachgekommen werden sollte.

Für mich völlig nachvollziehbar ist der Zweifel an der Eignung des Doodles als Allergikerhund. Daher kann ich Ihnen bei diesen Ängsten nur den Tipp geben, sich über das Internet zu informieren und Erfahrungsberichte von anderen Betroffenen zu lesen. Der Kopf spielt hierbei eine große Rolle. Tun Sie alles, was es Ihnen ermöglicht, die Hoffnung anzunehmen und die Sorgen zu minimieren. Am besten besuchen Sie einfach mal einen Doodle, entweder kennen Sie bereits einen oder Sie besuchen einen Züchter Ihres Vertrauens. Beachten Sie hierbei aber auch immer die Zuchtform und den Coat-Typ des Doodles sowie die Form Ihrer Allergie. Nicht jeder Allergietest ist der richtige. Erstaunlicherweise haben sich ein paar Besucher unserer Zucht zum Beispiel Speichel in die Augen laufen lassen wollen. Ich konnte diese Form des Tests bereits ein paar Mal in allerletzter Sekunde verhindern, allerdings kam ich einmal auch zu

Zwei Labradoodle-Welpen der F1B-Generation.

spät. Der Grund für das Verhindern eines solchen Tests ist natürlich das Übertragen von Bakterien. Der Austausch von Speichel gehört ganz sicher nicht zu dem normalen Umgang mit dem Hund, egal welche Allergie Sie haben.

Ängste sind zu diesem Zeitpunkt völlig normal und berechtigt und aus meiner Sicht sogar erwünscht. Gehen Sie also nicht so hart mit sich ins Gericht und sprechen Sie Ihre Bedenken offen aus. Sinnvoll ist auch, sich eine Pro- und Kontra-Liste zu erstellen. Sammeln Sie für sich einfach die zu klärenden Punkte und – ganz wichtig – binden Sie auch den Rest Ihrer Familie mit ein. Scheuen Sie sich nicht, alle Ihre Bedenken und Ängste mit Ihrem Züchter zu besprechen. Gehen Sie davon aus, dass er Ihre Unsicherheit von selbst erkennen und

Ihnen an dieser Stelle seine Hilfestellung anbieten wird. Schielen Sie an dieser Stelle doch einfach einmal über das Buch und fragen Sie die anderen Familienmitglieder, wie die zu ihrem Wunsch stehen und was jeder Einzelne darüber denkt. Erwarten Sie nicht, dass sich Ihr Pegelstand diesbezüglich an derselben Stelle befindet wie der der anderen Familienmitglieder. Es sollte hier jedoch auch kein Kampf ausgetragen werden. Gehen Sie sachlich an die Sache heran und bringen Sie auch Verständnis für das mögliche Kontra Ihres Partners auf.

Wenn dann trotz aller Bedenken und Diskussionen der große Tag gekommen ist und Sie einen ersten Termin bei einem Züchter vereinbart haben, sprechen Sie auch mit diesem über Ihre Zweifel.

Am besten bringen Sie Ihre Liste mit und legen die Karten auf den Tisch, wer in der Familie welche Bedenken hat. Oft gibt es eben genau solch eine Liste nicht. In den Gesprächen mit der Familie wird der erfahrene Züchter sicher schnell erkennen, wem er welche Frage stellen muss. Meist kommen hier Argumente auf den Tisch, die vorher noch nie angesprochen wurden, zum einen weil sich derjenige damit noch gar nicht auseinander gesetzt hat und zum anderen, weil ein Streit vermieden werden sollte. Wenn also einer von Ihnen in puncto Hundeanschaffung unsicher ist, sollten diese Bedenken genauso ernst genommen werden wie im Gegenzug Ihr Wunsch nach einem Hund.

Nicht selten ist dieser Wunsch bei vielen Menschen bereits von Kindesbeinen an vorhanden und es wird nur immer auf den passenden Moment gewartet. Aber wann genau ist der? Wie finde ich heraus, wann für mich der beste Zeitpunkt gekommen ist – oder gibt es den richtigen Zeitpunkt gar nicht? Schieben Sie diesen Wunsch eventuell nur vor sich her? Gehen Sie also der Sache auf den Grund. Wir haben es schon oft erlebt, dass sich nach solch klärenden Gesprächen nun die ganze Familie auf den Hund freuen kann und der „Bedenkenträger" keine kalten Füße mehr bekommt.

Das alles ist vollkommen normal. Setzen Sie sich nicht selbst unter Druck. Wenn Sie immer offen mit dem Züchter Ihres Vertrauens sprechen, werden Sie mit Sicherheit zu dem für Sie richtigen Ergebnis kommen. „Überzeugen lassen" darf allerdings nicht mit „Überredet werden" verwechselt werden. Wenn Sie alle Bedenken klären konnten, genießen Sie von diesem Moment an

Ausdrucksvoller Kopf eines Multigen-Labradoodles.

diese „Schwangerschaft", denn das gehört unbedingt dazu, egal wie kurz oder wie lang diese sein wird.

Pro und Kontra

Dass mit dem Einzug eines Hundewelpen sich auch ein Stück weit der bisherige Ablauf Ihres Alltags ändern wird, steht natürlich außer Frage. Aber was genau würde sich denn eigentlich ändern? Lassen Sie uns gemeinsam dieser Sache auf den Grund gehen.

Ein Thema, das bei vielen Welpenkäufern immer wieder für Bedenken sorgt, ist die Frage der Urlaubsplanung. Regelmäßig stellen wir fest, dass dies ein Punkt ist, der im Vorfeld vielfach für Unsicherheiten sorgt. Auf der einen Seite steht das Verantwortungsbewusstsein, das man gegenüber dem zukünftigen Familienmitglied hat, auf der anderen

Mit einem Hund verändert sich der Alltag. Und das kann durchaus positiv sein.

Seite aber auch die Sorge, sich selbst persönlich einschränken zu müssen.

Familien, die bereits einen Hund besitzen, haben sich entweder für eine gute Hundepension entschieden oder können auf Personen aus ihrem eigenen Umfeld zurückgreifen, bei denen sie den geliebten Vierbeiner eine Zeit lang ruhigen Gewissens unterbringen können. Des Öfteren ändert sich aber auch die gesamte Urlaubsplanung. Plötzlich wird das Flugzeug gegen das Auto getauscht und als neues Zielgebiet steht auf einmal eine hundefreundliche Umgebung an erste Stelle – Dänemark ist hier zum Beispiel ein beliebtes Ziel.

Erstellen Sie einfach mal eine Liste und verschaffen sich so schon im Vorfeld einen Überblick, welche Punkte in Ihrem Alltag bedacht werden müssen und wo Sie besonders viele Bedenken haben. Diese Liste können Sie dann am besten im

Anschluss offen innerhalb der Familie besprechen. Um Ihnen den Anfang hier zu erleichtern, gebe ich Ihnen schon mal zehn wichtige Punkte vor. Ergänzen Sie diese nach Herzenslust.

Pro & Kontra Hund

	Pro	Kontra
Tägliche Spaziergänge	☐	☐
Besuch der Hundeschule	☐	☐
Tierarztbesuche	☐	☐
Verpflegung	☐	☐
Urlaubsplanung	☐	☐
Kontakte knüpfen	☐	☐
Regelmäßige Pflege des Hundes	☐	☐
Kann der Hund alleine bleiben, wenn ich arbeite?	☐	☐

Hündin oder Rüde?
Die Geschlechterwahl

Neben der grundsätzlichen Frage, ob die Rahmenbedingungen für die Anschaffung eines Hundes gegeben sind, steht im Vorfeld oft noch die Frage nach der richtigen Geschlechterwahl. Das Für und Wider von Rüde und Hündin wird hier genauestens durchleuchtet. Eines ist klar: In der Regel wird eine Hündin zweimal im Jahr läufig – ein Rüde steht nach Geschlechtsreife jederzeit seinen Mann.

Meist wird das persönliche Umfeld nach seinen Erfahrungen befragt. Allerdings sollte das Geschlecht des Hundes an dieser Stelle nicht zwingend die Frage sein. Wichtiger zur Entscheidungsfindung ist der Ansatz, den für Sie und Ihre Familie passenden Hund herauszufinden. Mein Rat wäre also, sich zu diesem Zeitpunkt möglichst nicht auf ein Geschlecht festzulegen, sondern erst dann, wenn Sie eine endgültige Entscheidung für einen Welpen treffen.

Es gibt sicher Rassen, bei denen man mit großer Wahrscheinlichkeit sichere Aussagen über entsprechende Verhaltensweisen von Hündin oder Rüde treffen könnte. Aber in diesem Buch geht es eben um einen ganz besonderen Hund, um den Doodle. Und da Doodle nicht gleich Doodle ist, sollten Sie unabhängig vom Geschlecht in erster Linie den für Sie passenden Doodle ganz persönlich herausfinden. Die Frage ist also: Welcher Doodle-Typ sind Sie? Es ist beispielsweise sehr wichtig zu wissen, wie sich die einzelnen Zuchtformen und Größen der ver-

Die Geschlechterwahl sollte nicht das ausschlaggebende Kriterium eines Hundekaufs sein.

schiedenen Doodle-Typen unterscheiden können und wie sich diese auch in ihrem Wesen deutlich unterscheiden. Mehr dazu finden Sie ab Seite 27.

Wie finde ich einen guten Züchter?

Im Laufe meiner Tätigkeit als Züchter habe ich sehr viele verschiedene Züchter kennengelernt. Stets ist jeder davon überzeugt, derjenige zu sein, welcher seine Hunde am besten hält. Auch bin ich noch auf keinen Züchter getroffen, der die Qualität seiner Hunde in Frage stellt. Für Sie ist nur wichtig, ein gutes Bauchgefühl bei der Wahl des Züchters Ihres zukünftigen Hundes zu haben, denn leider wird immer wieder das Vertrauen ahnungsloser Welpenkäufer missbraucht. Neben

Eine gute Kinderstube ist ausschlaggebend für die Startbedingungen ins Leben. Das ist bei Hunden genau so wie bei Menschen.

Ein Besuch beim Züchter verrät viel darüber, wie der Welpe „wohl so sein wird".

Ihrem Bauchgefühl können Sie sich allerdings auch auf ein paar Fakten stützen, die ich Ihnen gerne an die Hand geben möchte.

Seit 2002 muss jeder Züchter, der mehr als drei Zuchthündinnen in seiner Zucht hat, eine Genehmigung nach § 11 des Tierschutzgesetzes haben. Diese wird von der zuständigen Behörde vergeben. Damit der Amtstierarzt diesen Sachkundenachweis vergeben darf, muss der Züchter einen Ausbildungsnachweis vorlegen, den der Amtstierarzt dann auf eine mögliche Eignung prüfen wird. Der Amtstierarzt kann sich auch vorbehalten, das Hundefachwissen des Antragstellers zu überprüfen. Des Weiteren werden die Haltungsbedingungen unter die Lupe genommen, da auch hier gesetzliche Vorgaben bestehen, die unbedingt eingehalten werden müssen.

Einer Hündin mit ihrem Wurf müssen mindestens neun Quadratmeter zur Verfügung stehen und mindestens zu einer Seite muss der Blick nach außen gewährleistet sein. Ebenfalls ist die Anzahl

der Zuchthunde heutzutage begrenzt; einer Person dürfen nicht mehr als zehn Hunde zugeordnet sein. Sollte es mehr Hunde in der Zuchtstätte geben, muss der Züchter weitere Arbeitsverträge vorlegen. Die Führung von Zuchtbüchern und der Nachweis über den Verbleib der Welpen werden nicht nur vom Veterinäramt, sondern auch vom zuständigen Finanzamt verlangt. Wenn also der Züchter Ihres Vertrauens über diese Genehmigung sowie eine Steuernummer verfügt, sind Sie rechtlich bereits auf der sicheren Seite.

Der Doodle ist ein toller Familienhund und für das Zusammenleben mit Kindern bestens geeignet.

Selbstverständlich sollten auch die Untersuchungen der Zuchthunde auf mögliche Erbkrankheiten sein. Stellen Sie dem Züchter einfach ein paar Fragen, zum Beispiel, warum er Hunde züchtet und vor allem, wie lange er seine Hunde schon anbietet. Eine Züchterfreundin aus den Niederlanden bezeichnet bestimmte Züchter als „Brot-Fokker". Damit ist gemeint, dass es diesen Züchtern rein um das Verkaufen der Welpen geht, sie aber ansonsten keinerlei Ziele verfolgen. Ein Züchter mit wenigen Hunden, der seine Zucht mit Herzblut betreibt und eine Vision mit seiner Arbeit verfolgt, kann ebenso einen großen Beitrag zur Weiterentwicklung einer Rasse leisten wie ein größerer Züchter, bei dem das Herz für die Forschungszucht schlägt. Wenn man beispielsweise einen Rüden stets dieselben Hündinnen belegen lässt, ist eben dies die reine Produktion von Welpen. Ein Züchter, der eine Vision verfolgt, denkt nicht unbedingt an die zu verkaufenden Welpen. Er verpaart gedanklich bereits Hunde, die noch längst nicht geboren sind, denn er denkt in Generationen und arbeitet auf ein Ziel hin – in unserem Fall zum Beispiel auf die Anerkennung des Doodles als Rasse.

Wenn Sie aber rein auf der Suche nach einem für Sie geeigneten Familienhund sind, müssen Sie in diesem Punkt nicht unbedingt meine Meinung teilen. Ein guter Züchter sollte Ihnen nicht nur im Vorfeld des Welpenkaufs mit Rat und Tat zur Verfügung stehen, sondern Sie sollten sich auch im Laufe der Jahre mit allen Fragen rund um Ihren Hund an ihn wenden können und immer wieder ein gerne gesehener Gast in seiner Zuchtstätte sein.

Am Abholtag wird es für alle spannend. Für den Doodle beginnt nun eine aufregende Zeit.

Der Abholtag

In vielen Fällen war es bis zu diesem Tag ein langer Weg. Nicht selten wurde sich jahrelang mit dem Thema Hund auseinandergesetzt, ohne zu einem eindeutigen und vor allem einem gemeinsamen Ergebnis innerhalb der Familie zu kommen. Aber nun ist der große Tag gekommen und Sie können Ihr neues Familienmitglied abholen. Von nun an dürfen und sollen Sie Ihr Leben mit Ihrem vierbeinigen Wegbegleiter teilen. Auch wenn sich bei Ihnen kurz vorher sicher noch unterschwellig Zweifel breitmachen, so hat die Freude auf dieses Ereignis bereits Oberhand gewinnen können, und Sie sollten dieses Gefühl nun in vollen Zügen genießen.

Beim Züchter angekommen, freuen sich schon alle auf die Begegnung mit „Baby-Doodle". Der Welpe wird sicher gerade noch vom Züchter oder dessen helfenden Händen auf den anstehenden Umzug vorbereitet. Dazu gehört auch, dass der Welpe an diesem Tag noch gewaschen wird. Auch die Ohren und Krallen sollten noch einmal kontrolliert werden, um so einen möglichst problemlosen und vorbildlichen Start in den neuen Lebensabschnitt zu ermöglichen. Es gibt an diesem aufregenden Tag allerdings auch noch einige Formalitäten mit dem Züchter zu klären. Meine Empfehlung wäre, dass Sie für diesen Abholtag eine Liste mit allen Fragen rund um Ihren Welpen notieren. Es sollte sich jedes Familienmitglied Gedanken machen und eventuelle Fragen auf diesem Zettel vermerken, um dann noch vorhandene Unklarheiten mit dem Züchter zu besprechen. Jeder Züchter sollte aber von sich aus auch alle wichtigen Punkte ansprechen und sich an diesem Tag viel Zeit für Sie nehmen.

In unserer Zuchtstätte ist es seit vielen Jahren mein Vater, der sich die Zeit nimmt und alle wichtigen Punkte anspricht. Hier geht es unter anderem um den Futterplan, der unbedingt eingehalten werden sollte, aber auch um Erziehungsfragen. Besonders die Stubenreinheit, die zu Beginn im Fokus steht, sollte hier noch einmal intensiv besprochen werden.

Da in der Aufregung nun das eine oder andere vergessen werden könnte, wird Ihnen der Züchter eine Mappe mit allen wichtigen Informationen zusammengestellt haben, in der Sie dann jederzeit das Wesentliche nachlesen können. Auch die Pflege Ihres Welpen wird Ihnen noch einmal gezeigt und erklärt und falls Kinder im Haushalt leben, wird denen gezeigt, wie sie ihren neuen Freund am sichersten auf den Arm nehmen. An diesem besonders emotionalen Tag wird immer wieder deutlich, wie hoch die Anspannung bei allen Familienmitgliedern ist. Andererseits ist schon zu diesem Zeitpunkt spürbar, dass der Hund jetzt zur Familie gehört. Nachdem zu guter Letzt auch noch eine Decke – mit dem Duft der Mutter des Welpen – gegen eventuell anfänglich auftretendes Heimweh überreicht wurde, geht es nun endlich Richtung Auto und die erste gemeinsame Fahrt kann beginnen. Spätestens an dieser Stelle bleibt dem Züchter dann nur noch, Ihnen zu Ihrem neuen Familienmitglied zu gratulieren. Herzlichen Glückwunsch zu Ihrem Doodle!

Unterlagen, die Sie am Abholtag von Ihrem Züchter bekommen sollten:
- Abstammungsnachweis
- Originalkaufvertrag
- EU-Impfpass
- Futterplan
- Entwurmungsplan

Ausstattung des Welpen
- Leine und Halsband
- Kuscheldecke
- Gewohntes Futter

Die erste gemeinsame Autofahrt

Die erste gemeinsame Autofahrt ist für alle Beteiligten ein aufregendes Erlebnis. Am liebsten hätte jeder, dass der kleine Welpe auf seinem Schoß liegt und sich so sicher und geborgen fühlt. Es geht aber auch um die Sicherheit aller Insassen. Zu guter Letzt schreibt der Gesetzgeber heutzutage vor, dass ein Hund nur noch gesichert im Auto transportiert werden darf, denn bei unerwartetem oder starkem Bremsen ist es bereits mehrfach vorgekommen, dass ein Hund zu einem regelrechten Wurfgeschoss wurde. Dies kann nicht nur tödlich für den Welpen enden, sondern ist auch eine Gefahr für alle Insassen. Um solch eine Gefahr zu umgehen, ist eine kleine Transportbox für den Welpen, gerade in der ersten Zeit, von Vorteil. Damit Ihr Welpe diese erste Fahrt nicht in schlechter Erinnerung behält und weitere Transporte im Auto nicht für alle Beteiligten zu einer Qual werden, sind unbedingt ein paar wesentliche Punkte zu beachten.

Es kann jederzeit passieren, dass sich der Welpe im Auto übergeben muss. Daher sollten Sie sicherheitshalber eine Rolle Haushaltstücher an Bord haben, um eventuell Erbrochenes beseitigen zu können. Oft wird der Welpe auf der ersten Autofahrt auf den Schoß genommen. Aber Achtung, gerade das ist oft der Grund für ein Erbrechen. Durch die bewegten Bilder kann es zu einem Schwindelgefühl und der damit verbundenen Übelkeit beim Welpen kommen. Es kann sein, dass sich bei Ihrem Hund dieses erste

Ein kleiner Double-Doodle-Rüde im „Wavy-Coat".

unangenehme Reiseerlebnis so stark einprägt, dass es nun bei jeder weiteren Fahrt immer wieder zu Übelkeiten kommt – vor allem ein starkes Speicheln schon bei Fahrtbeginn weist nun auf Angstzustände hin. Damit es also gar nicht erst so weit kommt, empfehle ich Ihnen, auf Ihrer ersten gemeinsamen Autofahrt den Welpen in einer Box unten vor den Beifahrersitz zu stellen. Hier steht er nicht nur sicher, sondern hat auch den Blickkontakt zu seiner neuen Familie. Und dort bleiben ihm die bewegten Bilder erspart.

Sollte Ihnen eine mehrstündige Heimreise bevorstehen, sodass Sie unterwegs Pausen einlegen, sollten Sie dabei unbedingt bedenken, dass Ihr Welpe zwar gegen bestimmte Viruserkrankungen immunisiert ist, sein Immunsystem aber altersentsprechend noch nicht bestmöglich gegen Viruserkrankungen geschützt werden konnte. Deshalb versuchen Sie bitte bei Ihren Stopps den Kontakt des Welpen zu anderen Hunden zu meiden. Ebenso sollte Ihr kleiner Schützling auch nicht mit den Fäkalien anderer Hunde in Kontakt kommen, denn auch scheinbar gesunde Hunde können trotz allem Träger gefährlicher Krankheiten sein und stellen daher zu diesem Zeitpunkt eine Gefahr für die Gesundheit Ihres Welpen dar. Wenn möglich, wählen Sie deshalb für Ihre Pausen besser einen Platz im Grünen, fernab von einer Raststätte.

Der Doodle-Einzug

Nun sind Sie im wahrsten Sinne des Wortes an Ihrem Ziel angekommen – Ihr neues Familienmitglied betritt zum ersten Mal sein neues Heim. Von nun an teilen Sie Ihr Leben mit Ihrem Doodle. Es war bis zum heutigen Tag sicher für alle ein langer und aufregender Weg, wenn auch ein theoretischer. Jetzt beginnt die Realität. All die Pläne, die im Vorfeld besprochen wurden, gilt es von heute an in die Praxis umzusetzen. Dieser Tag war bisher sicher sehr anstrengend, besonders aber für Ihren kleinen Welpen. Erst die Trennung von der Mutter, dann das Waschen und Föhnen beim Züchter, die Autofahrt und der Umgebungswechsel. Für so einen jungen Hund waren es sehr viele Stressfaktoren hintereinander. Und auch wenn Sie – verständlicherweise – sehr stolz darauf sind, nun unter die Hundebesitzer gegangen zu sein, so sollten Sie Ihrem Doodle nach all diesem Stress erst mal ein wenig Ruhe gönnen und ihn mit seinem neuen Heim vertraut machen. Ihre Verwandten und Freunde haben dafür sicher Verständnis.

Coat-Typ „wavy", Farbe „creme" – einer der beliebtesten Doodle-Typen.

Der erste Weg daheim sollte direkt zur zukünftigen Lösestelle des Welpen führen. Sie sollten bei der Wahl dieses Platzes darauf achten, dass es an diesem Ort wenige oder wenn möglich keine Ablenkungen wie zum Beispiel vorbeifahrende Autos oder einen Nachbarhund gibt. Sollten Sie nicht die Möglichkeit haben, so eine Lösestelle zu finden, berücksichtigen Sie bitte, dass es sich bei der Wahl Ihres Löseplatzes nicht um eine öffentliche Hundetoilette handelt. Denn dort lauern für einen Welpen ohne vollständige Grundimmunisierung viele Gefahren. Er könnte leicht an einer Virusinfektion erkranken, die andere Hunde mit ihrem Kot übertragen. Des Weiteren kann eine Ansteckung mit Darmparasiten erfolgen.

Verrichtet Ihr Welpe nun an dieser Stelle erfolgreich sein erstes Geschäft, so sollte dies natürlich „gefeiert" werden. Geben Sie ihm ein Leckerchen und zeigen Sie ihm, wie Sie sich freuen und wie stolz Sie auf ihn sind. Er wird sicher erst mal etwas verwundert sein, denn weder seine Mutter noch der Züchter haben bis jetzt diesen Vorgang derart gewürdigt. Doch er wird sich dieses Verhalten einprägen und bei mehreren Wiederholungen dieser aufeinanderfolgenden Handlung ist der erste Schritt zur Stubenreinheit bereits gemacht. Nach diesem ersten Ausgang ist es nun an der Zeit, Baby-Doodle seinen zukünftigen Ort der Nahrungsaufnahme und seinen Schlafplatz zu zeigen. Er wird jetzt sicher etwas Schlaf brauchen. Für die Gabe der ersten Mahlzeit kommt es ganz auf die Uhrzeit an. Um von Beginn an den gewohnten Rhythmus des Welpen beizubehalten, sollten Sie unbedingt den mitgegebenen Futterplan Ihres Züchters beachten. Dort finden Sie die Zeiten und Mengen, wie der Hund zu füttern ist. Halten Sie sich an diesen Plan, so werden Sie gemeinsam mit Ihrem Hund die erste Herausforderung, die Stubenreinheit, sicher schnell meistern.

Die erste Nacht

Die erste Nacht ist eines der Themen, zu denen es die unterschiedlichsten Meinungen unter den Fachleuten gibt. Es kommt sicher darauf an, welcher Typ Mensch Sie sind und vor allem, wie konsequent Sie Ihrem Welpen gegenüber sein wollen und können. Überlegen Sie sich genau, wo sich in Zukunft der Schlafplatz Ihres Hundes

befinden soll. Bisher hat Ihr Welpe Tag und Nacht mit seiner Hundefamilie zusammen verbracht. Sie haben zusammen gespielt, gefressen, gekuschelt, gerauft und auch geschlafen. Auch wenn in letzter Zeit seine Mutter sicher des Öfteren schon andere Bereiche zum Schlafen bevorzugt hat, so waren da immer noch seine Geschwister. Der Gedanke daran, dass er nun die Nächte ganz alleine verbringen soll, klingt fast grausam. Aber nehmen Sie den Welpen genau aus diesem Grunde mit in Ihr Schlafzimmer, so wird er sich schnell daran gewöhnen und ein späterer Umzug aus dieser gemütlichen Umgebung ist dann nicht immer leicht umzusetzen. Es gibt auch die Möglichkeit, anfangs die Nächte auf einem Gästebett neben dem Schlafplatz des Hundes zu verbringen. Zumindest wäre dies eine gute Starthilfe und auch in puncto Stubenreinheit sicher ein großer Vorteil, da Sie im Fall der Fälle immer rechtzeitig reagieren können und mit Ihrem Doodle schnellstmöglich seinen Löseplatz aufsuchen können.

Die ersten Tage in Doodles neuem Heim sollten Sie Wert darauf legen, dass Ihr kleiner Schützling sich hauptsächlich im Wohnbereich und – falls vorhanden – in Ihrem Garten oder sich ansonsten vor der Haustür seines Heims aufhält. Hier kann er sich von seinem „Umzug" und den restlichen damit verbundenen Strapazen erholen und sich in aller Ruhe mit seiner nächsten Umgebung vertraut machen. So wird sein Immunsystem in einigen Tagen wieder stabil genug sein für seinen ersten weiteren Ausflug und für viele neue Freundschaften.

Die ersten, dann folgenden größeren Ausflüge sollten Sie auf das nähere Umfeld seines Heims begrenzen. Selbst kleine Runden um den Häuserblock werden sicher länger dauern als erwartet, da Ihr Hund noch nicht gut an der Leine laufen kann und Sie zudem damit rechnen müssen, alle paar Meter auf Ihren neuen Zögling angesprochen zu werden.

Wenn der Welpe krank wird

Zunächst einmal sollten Sie davon ausgehen, dass der Umzug problemlos verläuft. Sollte es aber dennoch zu gesundheitlichen Reaktionen kommen, nehmen Sie sofort Kontakt mit dem Züchter auf. Damit es im Nachhinein nicht zu Unstimmigkeiten kommt, sollten Sie einige Punkte beachten, die ich für Sie nachfolgend zusammengefasst habe.

Für einen jungen Welpen bedeutet nicht nur der Umgebungswechsel großen Stress, sondern auch das Prozedere im Vorfeld wie zum Beispiel waschen, föhnen, Untersuchungen beim Züchter sowie die erste Autofahrt. Das Immunsystem kann durch diesen Stress geschwächt werden und sich somit kurzfristig auf die körpereigene Abwehr auswirken. Auf welche Weise jeder Welpe in den ersten Tagen im neuen Heim darauf reagieren könnte, ist sehr unterschiedlich. Durchfall ist eine der bekanntesten Folgen. Befolgen Sie daher auch zwingend die Futterempfehlung des Züchters, denn auch eine Umstellung kann zu Verdauungsproblemen bei Ihrem Doodle führen.

Für einen Welpen bedeutet der Umzug in sein neues Zuhause jede Menge Stress. Berücksichtigen Sie das bei der Eingewöhnung und vermeiden Sie zusätzliche Unruhe.

Sobald Ihr Welpe Auffälligkeiten zeigt, wie zum Beispiel das Verweigern des Futters, sollten Sie vorsichtshalber seine Körpertemperatur messen. Diese sollte nicht über 38,5 Grad liegen. Liegt sie jedoch darüber, setzen Sie sich zur Abklärung mit einem Tierarzt in Verbindung. Viele empfehlen einen Hungertag, damit Magen und Darm sich beruhigen können. Wichtig ist, dass Ihr Welpe viel Flüssigkeit zu sich nimmt, um nicht auszutrocknen. Auch wenn der Züchter alles getan hat, um den Welpen zu entwurmen, kann es immer mal wieder sein, dass Darmparasiten nachzuweisen sind. Etwas Blut im Kot könnte ein Anzeichen hierfür sein. Dies sollten Sie nun unbedingt abklären lassen. Setzen Sie sich mit Ihrem Züchter in Verbindung, er wird Ihnen hier sicher ein paar Tipps geben und Ihnen an richtiger Stelle empfehlen, einen Tierarzt aufzusuchen.

Rechte und Pflichten bei Erkrankung des Welpen

Bei uns in Deutschland ist der Hundekauf rein rechtlich einem Verbrauchsgüterkauf gleichgestellt. So sind Rechte und Pflichten von Züchter und Welpenkäufer gesetzlich geregelt. Erkrankt nun ein Hund unmittelbar nach der Übergabe, muss der Züchter darüber informiert werden. Diesem würde es zustehen, den Welpen auf seine Kosten untersuchen zu lassen, um somit dem Recht auf „Nachbesserung" nachzukommen. Räumt der Welpenkäufer dem Züchter diese Möglichkeit nicht ein, besteht kein Anspruch seitens des Welpenkäufers auf Forderung der entstandenen Tierarztkosten. Sollte es sich hierbei aber um eine Notfallbehandlung des Welpen handeln, sieht die Kostenübernahmeregelung wiederum anders aus. Der Züchter müsste hier dann die angefallenen Kosten übernehmen. Allerdings müsste nachgewiesen werden, dass es bei der Behandlung um Leben und Tod des Hundes ging.

Stubenreinheit

Die Hygiene steht bereits für jede gute Zuchthündin an oberster Stelle. In den ersten Tagen, bis die Welpen sich selbstständig lösen können, sorgt die Mutter mit Massagen für die Verdauung bei ihren Jungen und nimmt dabei Kot und Urin auf. Auch in den folgenden Wochen wird sie so das Wurflager reinigen und sorgt dabei nicht nur für Ordnung, sondern schützt ihre Sprösslinge somit auch vor lebensbedrohlichen Bakterien und Parasiten. Dieser Instinkt, das Lager sauber zu halten, ist den Hunden angeboren. Ihre Aufgabe wird es nun sein, Ihrem Welpen zu vermitteln, dass Ihr Wohnbereich nun sein neues Lager sein wird.

Der Grundstein für die Stubenreinheit sollte also bereits beim Züchter gelegt werden. Bei uns zum Beispiel haben die kleinen Welpen schon im zarten Alter von drei Wochen die Möglichkeit, selbstständig in den Freilauf zu tapsen und so die kleinen und großen Geschäfte weit außerhalb des Lagers zu verrichten.

Da das selbstständige Aufsuchen des Löseplatzes bei Ihnen nun nicht mehr möglich sein wird, gilt es nun darauf hinzuarbeiten, wo der Welpe in Zukunft die Geschäfte zu verrichten hat.

Exakt in dem Moment, in dem Sie das neue Familienmitglied über die Schwelle tragen, beginnt also die erste große Herausforderung in puncto Hundeerziehung. Auch bei idealer Vorbereitung wird es sich nicht vermeiden lassen, dass das eine oder andere Malheur passiert. Leider ist es mitunter immer noch sehr weit verbreitet, einen Welpen zur Strafe mit der Nase in seine Fäkalien zu stupsen. Solch eine Maßnahme fördert jedoch ganz sicher nicht das Verhältnis zwischen Ihnen und Ihrem Welpen – es schadet diesem sogar, da der Welpe so kein Vertrauen zu Ihnen aufbauen wird. Die Teamarbeit beginnt in der Sekunde, in der der Welpe mit allen vier Pfoten sein neues Lager betritt. Die Intelligenz bringt Ihr Hund mit. Halten Sie sich an ein paar Spielregeln und Sie werden zeitnah Ihre ersten gemeinsamen Erfolge erzielen können.

Die ersten vier Wochen nach der Geburt kümmert sich die Mutterhündin um die Stubenreinheit ihrer Welpen. Sie hält die Wurfkiste sauber, indem sie die kleinen Hinterlassenschaften ihrer Sprösslinge auffrisst.

Orientieren Sie sich beispielsweise unbedingt an einen festem Futterplan, denn die Verdauung eines Welpen dauert ungefähr sechs Stunden, was Ihnen gerade über Nacht mehr als hilfreich sein wird. Geben Sie Ihrem Welpen also nicht zu spät seine letzte Mahlzeit. Ihr erster Weg am frühen Morgen sollte Sie zu dem Platz Ihres Welpen führen, an dem er seine Nacht verbringt. Nach der morgendlichen Begrüßung gehen Sie dann mit Ihrem jüngsten Familienmitglied an die von Ihnen angedachte Lösestelle. Nachdem dort der erste Erfolg des Tages mit viel Lob vollbracht wurde, bereiten Sie nun die erste Portion Futter zu. Bitte beachten Sie, dass kleine Welpen sich im Anschluss an die Mahlzeiten schnell lösen müssen, also führt Sie ein

paar Minuten später der Weg zum zweiten Mal zum Löseplatz.

Dieser Vorgang wiederholt sich auch mittags und abends nach den beiden weiteren Mahlzeiten. Der Schließmuskel des Welpen muss erst trainiert werden und funktioniert vollständig ab der zwölften Woche. Beobachten Sie Ihren Welpen: Schnüffelt er aufgeregt mit der Nase über dem Boden oder kreist er am Boden, ist höchste Eile geboten, ihn zu seiner Lösestelle zu führen. Bitte beachten Sie auch hier, dass ein Welpe den optimalen Impfschutz teilweise erst ab der 20. Woche hat und Sie daher keine Lösestelle aufsuchen sollten, an der ein hohes Maß an Infektionsrisiken zu befürchten ist, wie zum Beispiel eine öffentliche Hundewiese.

Impfen und Entwurmen

Ein stabiles Immunsystem ist wohl für jeden Hund eine sehr wichtige Voraussetzung, um ihn vor Infektionskrankheiten in seinem späteren Leben zu schützen. Der Grundstein hierfür wird bereits in den ersten Tagen nach seiner Geburt gelegt. Nachfolgend finden Sie einige Informationen zu den mütterlichen Antikörpern.

Mütterliche Antikörper

In den ersten Tagen und Wochen nach der Geburt sind die Welpen in der Regel durch Antikörper geschützt (passive Immunität), die sie von der Mutter und über das Kolostrum (Biestmilch) mitbekommen haben. Deshalb sollte die Hündin vor der Trächtigkeit noch einmal gegen alle relevanten Infektionskrankheiten geimpft werden, um den Welpen möglichst viele Antikörper – und auf diesem Wege einen großen Schutz – mitzugeben. Sollte dies nicht erfolgt sein, können die Impfstoffe auch noch während der Trächtigkeit verabreicht werden.

Die passive Immunität durch die mütterlichen Antikörper nimmt im Laufe der ersten Lebenswochen kontinuierlich ab, weil sich die Konzentration der Antikörper verringert. Die Dauer der passiven Immunität ist zum einen von der anfänglichen Antikörperkonzentration abhängig. Zum anderen erkennt das Immunsystem mit zunehmender Reifung die mütterlichen Antikörper als „fremd", sodass sie nach und nach von der Immunabwehr des Welpen abgebaut werden. Die passive Immunität hält je nach Infektionskrankheit zwischen einigen Tagen und wenigen Wochen an. Auf jeden Fall verringert sie sich innerhalb der ersten zwei Monate erheblich. Allerdings doch meist nicht so viel, dass eine aktive Immunisierung mit herkömmlichen Impfstoffen durchgeführt werden kann (Refraktärzeit). Die Impfstoffe würden durch die maternalen Antikörper sofort neutralisiert werden. Daher ist eine aktive Immunisierung erst nach dieser Refraktärzeit möglich. Zudem benötigt der Organismus auch etwas Zeit, bis er nach der Impfung eine wirksame Immunität aufgebaut hat. Diese Phase niedriger maternaler Antikörperkonzentration und des nach einer Impfung langsam ansteigenden Spiegels körpereigener Antikörper wird immunologische Lücke genannt. Während dieses Zeitraums ist das Risiko für Infektionen besonders groß.

Gegen Staupe, Hepatitis und Parvovirose schützen Impfstoffe jedoch bereits eine Woche nach Impfung. Die Impfstoffe gegen Staupe und Parvovirose können darüber hinaus bereits ab der vierten Lebenswoche verabreicht werden.

Achtung!

Der Impfstoff von Intervet gegen Staupe und Parvovirose kann bereit ab der vierten Lebenswoche eingesetzt werden. Während der immunologischen Lücke sind die Welpen für Infektionen besonders anfällig. Nach der Grundimmunisierung sollten Sie mit Ihrem Tierarzt über den weiteren Verlauf der Impfungen sprechen. Fragen Sie diesen nach den Möglichkeiten eines Titertests, um eventuell unnötige Impfungen zu vermeiden.

Quelle: Impfen beim Hund.de

Kastration

Vorweg nehmen möchte ich an dieser Stelle, dass natürlich letztendlich jeder für sich entscheidet, ob er seinen Hund kastrieren lassen möchte oder lieber nicht. Allerdings ist es mir ein großes Anliegen, dass sich Hundebesitzer intensiv mit diesem Thema beschäftigen und nicht unwissend in ein Beratungsgespräch mit dem Tierarzt ihres Vertrauens gehen. Heutzutage ist es nämlich beinahe schon zur Selbstverständlichkeit geworden, einen Hund zu kastrieren.

Leider werden anschließend auftretende Nebenwirkungen eines solchen Eingriffs, die durchaus auftreten können, dann später von einigen Tierärzten als rassespezifisch hingestellt.

In erster Linie wird sich mit dem Thema Kastration auseinandergesetzt, um gesundheitlichen Risiken vorzubeugen, wie zum Beispiel dem Verhindern der Entstehung von Mammatumoren.

Erstaunlicherweise ist eine Kastration ohne Indikation bei Hunden mittlerweile schon fast zur Routine geworden und so wird dieser Eingriff des Öfteren mehr oder weniger gedankenlos in die Tat umgesetzt. Vielfach wird in den Fachzeitschriften das Pro und Kontra erläutert, es gibt viele unterschiedliche Meinungen zu diesem Thema und selbst namhafte Tiermediziner streiten sich öffentlich darüber. Auch wenn ich grundsätzlich kein Freund der Kastration bin, so gibt es sicher Ausnahmen, in denen diese durchaus erforderlich sein kann, beispielsweise bei einem Begleithund für sehbehinderte Menschen. Einem blinden Menschen wird es nicht möglich sein,

angelockte Verehrer seiner Hündin abzuwehren oder die Triebe seines Rüden bei Ablenkung in den Griff zu bekommen. Es könnte daher zu gefährlichen Situationen für Mensch oder Hund kommen, weshalb beim Blindenhund eine Kastration als Maßnahme in der Tat erforderlich ist. Dies gilt ebenso bei Hilfs-, Therapie- oder Rettungshunden. Und auch in Tierheimen ist die Kastration sicher wichtig, um unkontrollierten Nachwuchs zu verhindern und den Tierschutzorganisationen eine Gruppenhaltung der Tiere zu ermöglichen.

Leider klären Tierärzte in der Praxis oft nicht über mögliche Nebenwirkungen auf. Sie empfehlen den Eingriff meist sogar, auch ohne dass überhaupt die Frage dazu vom Hundebesitzer gestellt wird. Was viele von Ihnen sicher nicht wissen, ist, dass ein Entfernen der Keimdrüsen beim Hund vom Gesetzgeber verboten ist, es ist dem Kupieren von Ohren und Ruten gleichgestellt. Oben aufgeführte Bereiche sind hiervon aus gutem Grunde als Ausnahmeregelungen ausgenommen. –Was ich mit diesen Zeilen erreichen möchte, ist nur, dass sich jeder Hundehalter ausführlich über dieses Thema informiert. Auch der Zeitpunkt einer Kastration muss unbedingt berücksichtigt werden.

Vielfach wird die Kastration eines Hundes mit der Vermeidung einer unerwünschten Trächtigkeit der Hündin oder dem Verhindern des Deckaktes beim Rüden begründet. Es ist absolut richtig und auch wichtig, dass wir unkontrollierten Nachwuchs bei Hunden verhindern möchten und auch müssen. Sollte es Ihnen jedoch bei Ihren

Überlegungen bezüglich einer Kastration Ihres Hundes ausschließlich um diesen Punkt gehen, so sollten Sie mit Ihrem Tierarzt unbedingt über die Möglichkeit einer Sterilisation sprechen. Bei einer Hündin werden im Falle der Sterilisation dann lediglich die Eileiter durchtrennt und beim Rüden entsprechend der Samenleiter durchtrennt. Sprechen Sie Ihren Tierarzt am besten auch auf diese Möglichkeit an, den Hund unfruchtbar zu machen, bevor Sie der Kastration Ihres Hundes zustimmen.

Der richtige Zeitpunkt für eine Kastration

Jeder Hund sollte sich nicht nur körperlich voll entwickeln können, auch seinem Charakter sollte die Möglichkeit gegeben werden, sich vollständig zu entfalten. Gerade bei früh kastrierten Hündinnen wird oft beobachtet, dass sich ihr gesamtes Wesen verändert. Durch einen Entwicklungsstopp im Gehirn bleiben sie im Geiste immer auf dem Stand eines jugendlichen Hundes. Während sich das einige Hundesportler zunutze machen, achtet jede Blindenhundeschule darauf, ein Tier zu bekommen, welches Körper und Wesen vollständig entfaltet hat. Ohne diese beiden wichtigen Voraussetzungen ist der Hilfshund nicht in der Lage, diese große Herausforderung zu leisten.

Eine frühe Kastration beim Rüden hingegen verhindert die genetisch festgelegte Wachstumsgrenze und lässt ihn größer werden, als es genetisch vorgegeben ist. Nicht selten erfolgt hierdurch auch eine spätere Fehlstellung der Hüften. Des Weiteren können zu früh kastrierte Rüden

Ob und wann ein Hund kastriert werden sollte, ist immer eine sehr individuelle Entscheidung und hängt von mehreren Faktoren ab.

für immer unterwürfig sein. Es ist auch nicht unbedingt gesagt, dass sich bei später kastrierten Rüden, die bereits ein sehr dominantes Verhalten an den Tag legen, dieses unerwünschte Verhalten nach dem Entfernen der Hoden ändern wird.

Mögliche Nebenwirkungen der Kastration

Harninkontinenz ist eine mögliche Nebenwirkung. Ebenso ist es möglich, dass sich die Fellstruktur verändert, sodass einige Hunde nach der Kastration starke Unterwolle bilden können. Ferner können Verhaltensauffälligkeiten beim

Rüden nicht unbedingt durch eine Kastration gelöst werden. Auch wird in vielen Fällen eine Fettleibigkeit beobachtet.

Die ersten Versuche an der Leine – Halsband oder Geschirr

Es gibt unterschiedliche Meinungen, ob Sie zu Beginn des Trainings mit der Leine und einem Halsband oder mit einem Geschirr arbeiten sollten. Beide Methoden haben Vorteile, aber auch Nachteile. Das Halsband können Sie Ihrem Welpen den ganzen Tag umlassen, er wird sich also schnell an das Tragen gewöhnen. Das Geschirr dagegen sollten Sie dem Welpen im Haus besser ausziehen, da es zum Schlafen nicht so bequem für ihn ist. Sie müssen es also vor jedem Gang erst wieder anlegen. Beim Halsband geht der Druck beim Ziehen an der Leine dafür auf den Kehlkopf des Hundes, was wiederum beim Geschirr nicht der Fall ist. Diese Liste könnte ich jetzt noch weiter fortsetzen, doch ich denke, Ihnen ist durchaus bewusst, dass sowohl Halsband als auch Geschirr zum Erlernen der Leinenführigkeit einsetzbar sind. Es ist also Ihre Entscheidung, womit Sie lieber arbeiten möchten.

Wichtig ist, dass Sie sehr behutsam mit dem Umgang der Leine beginnen, Ihren Welpen also langsam an die Leine gewöhnen. Starten Sie mit kleinen Lerneinheiten und befreien Sie ihn dann wieder. Am besten ist, Sie üben anfangs mit dem Welpen in eher ruhigen Bereichen (in der Wohnung, im Garten, in wenig befahrenen Straßen), in denen der Hund sich geborgen fühlt und Sie ihm das Laufen an der Leine spielerisch schmackhaft machen können. In erster Linie nutzen wir zu Beginn die Leine, um unseren Welpen vor Gefahren zu schützen. Gerade bei den ersten Schritten entlang der Straße ist es lebenswichtig, darauf zu achten, dass dem Welpen nichts passiert, er also von uns gut gesichert ist. Daher achten Sie immer darauf, dass Halsband oder Geschirr richtig angelegt sind. Das Halsband sollte so fest sein, dass der Welpe nicht die Möglichkeit hat, sich in einer ungewohnten Situation aus dem Halsband zu befreien, es darf aber natürlich auch nicht zu eng sein. Das Gleiche gilt für das Geschirr. Wenn der Welpe die ersten Meter gelaufen ist, belohnen Sie ihn! Er sollte spüren, dass Sie sich darüber freuen, dass er mit Ihnen gelaufen ist. Das wiederholen Sie dann noch einige Male. So wird Ihr Welpe schnell lernen, dass es toll ist, mit Ihnen zu gehen. Beenden Sie das Training stets nach einem Erfolg.

Tipp

Die Ausflüge mit Ihrem Welpen sollten in den ersten Wochen nicht länger dauern, als der Hund Wochen alt ist. Ist Ihr Hund beispielsweise vierzehn Wochen alt, sollten Sie nicht länger als eine Viertelstunde mit ihm spazieren gehen. Besser Sie gehen einmal mehr mit ihm raus als zu lange. Sie sollten Ihren Hund in der ersten Zeit nicht überfordern, er wird es Ihnen später danken!

Hundeschule

Die Erziehung des Welpen ist gerade bei Ersthundebesitzern ein wichtiges Thema. Um sich diesbezüglich Rat zu holen, werden die verschiedensten Personen befragt. Allzu oft werden andere Hundebesitzer auf ihre Erfahrungen angesprochen und auch beim Züchter ist dies eines der intensiver besprochenen Themen.

Natürlich gibt es außerdem eine Menge Literatur zu diesem Thema. Allerdings werden Sie schnell feststellen, dass es sehr unterschiedliche Meinungen gibt – und Sie durch dadurch eher verwirrt werden, als dass es Ihnen eine wahre Hilfe bei der Umsetzung der Erziehung Ihres Hundes wäre.

Es ist absolut richtig, sich von Anfang an die Unterstützung eines Fachmanns zu holen. Es geht darum, die passende Hundeschule zu finden, die – mit Ihrer Hilfe – aus Ihnen und Ihrem Hund ein tolles Team formen wird. Doch auch hier ist guter Rat teuer. An dieser Stelle sollten Sie wieder auf Ihr Bauchgefühl hören, denn es muss die Chemie zwischen Ihnen und dem Trainer oder der Trainerin genauso stimmen wie die zwischen Trainer und Hund. Ich empfehle bei der Ausbildung Ihres Hundes, wenn möglich alle Familienmitglieder mit ins Boot zu holen. So lernt jeder, wie er in welcher Situation richtig reagieren kann. Eine gute Möglichkeit dazu ist, dass der Trainer beziehungsweise die Trainerin erst einen Hausbesuch bei Ihnen macht. So lernt er alle Familienmitglieder kennen und die Familienmitglieder gleich den richtigen Umgang in unterschiedlichen Situationen im Haus sowie erste Kommandos. Dieser

In einer guten Hundeschule lernt der Doodle, sich zu benehmen. Nutzen Sie diese Chance, wenn Sie selbst unsicher sind und der Doodle Ihr erster Hund ist.

Besuch wird zukünftig für alle Beteiligten hilfreich sein und kann sich für die weitere Zusammenarbeit nur positiv auswirken. Sie werden zudem schnell feststellen, wie viel Spaß es allen macht, mit dem Welpen zu arbeiten, und dass es eine große Bereicherung ist, ein gemeinsames Interesse zu haben und dasselbe Ziel zu verfolgen. Es wird Sie alle stark zusammenschweißen.

Sollte Ihnen eine Hundeschule den Besuch einer Welpenstunde anbieten, ist Vorsicht geboten, denn auf diesen Plätzen kommen viele Hunde unterschiedlicher Herkunft zusammen. Daher sollte die Hundeschule unaufgefordert nach dem Impfpass Ihres Hundes fragen. Durch den Umzug vom Züchter zu Ihnen ist das Immunsystem des Welpen geschwächt. Die Welpen können immer nur altersentsprechend geimpft abgegeben werden und ein bestmöglicher Schutz ist oftmals erst mit der 20. Woche möglich, nachdem alle erforderlichen Nachimpfungen erfolgt sind. Meiden Sie daher anfangs Hundeplätze, dort könnte der Welpe mit Viren, Bakterien oder Parasiten in Kontakt kommen und sich infizieren.

Bedenken Sie auch, dass jeder Trainer sich auf jeden Hund einstellen sollte. Nicht jede Ausbildungsmethode passt auf jeden Hund. Es können sehr unterschiedliche Methoden zum gleichen Ziel führen. Achten Sie ferner darauf, dass Ihr Hund in der Welpenstunde mit Welpen seiner Größe und seines Alters spielt. Junge Hunde untereinander können sehr grausam sein und das Mobben Ihres Hundes kann Verhaltensstörungen hervorrufen, die ihn dann ein Leben lang begleiten könnten.

Der Jagd-Doodle

Immer wieder berichten Doodle-Besitzer davon, dass ihr Hund gelegentlich gerne in Wald und Flur die Verfolgung eines Hasen aufnimmt. Der Grund für diese Vorliebe liegt in seinen Genen. Die Ursprungsrassen unserer Hunde wurden und werden auch noch heute gerne für die Jagd eingesetzt. Die dafür erforderliche Eignung liegt zum einen an dem sehr gut ausgeprägten Geruchssinn sowie in der Leidenschaft des Apportierens. Diese wird dafür genutzt, erlegte Hasen oder auch Federwild zum Jäger zu bringen.

Auch der Doodle hat diese Anlagen von allen drei Seiten mit auf dem Weg bekommen, allerdings ist diese Hilfsbereitschaft weder bei einem Familien- noch bei einem Blindenhund gefragt. Daher sollte bei diesen Hunden die Jagdleidenschaft nicht gefördert werden, indem das Verfolgen einer Wildspur durch den Besitzer geduldet wird.

Sollte Ihr Doodle einen ausgeprägten Jagdtrieb besitzen, holen Sie sich die Unterstützung eines guten Hundetrainers oder eines Jägers, denn diese wissen am besten, wie der Jagdtrieb eines Hundes in Wald und Flur unter Kontrolle zu bringen ist.

Der Doodle ist und bleibt eine gezielte Kreuzung zweier Jagdhundrassen. Der ein oder andere Doodle-Besitzer wird das zu spüren bekommen und sollte sich rechtzeitig mit der Jagdleidenschaft seines Hundes auseinandersetzen.

Schlussbemerkungen

Auch wenn in diesem Buch sicher noch lange nicht alles Wissenswerte rund um den Doodle Platz finden konnte, so würde ich mir dennoch wünschen, dass Sie einige Antworten zum Thema Doodle gefunden haben und dieses Buch Ihnen eine Hilfe sein konnte, sich nun bewusst für einen Doodle zu entscheiden. Vielleicht haben Sie beim Lesen aber auch gemerkt, dass der Doodle doch zurzeit noch nicht die richtige Entscheidung ist, weil die damit entstehende Verantwortung noch zu groß sein könnte.

Die richtige Entscheidung war auf jeden Fall, sich im Vorfeld schon mit dem Thema grundlegend auseinanderzusetzen. Nehmen Sie sich also die Zeit, die Sie hierfür benötigen. Immer wieder ist zu beobachten, dass zwar der Wunsch nach einem Hund im Herzen der Menschen verankert ist, der Mut zum „Sprung ins kalte Wasser" aber doch fehlt. Daher war es mir in diesem Buch ein besonderes Anliegen, auf all diejenigen einzugehen, die sich in der Praxis noch nicht genau vorstellen können, ob und wie sie einem Hund gerecht werden können. Die praxisnahen Fallbeispiele der Doodle-Besitzer zeigen Ihnen nicht nur die Vielseitigkeit des Doodles, sondern machen Ihnen sicher deutlich, dass die Angst vor der Verantwortung „Hund" ganz normal ist. Der eine oder andere wird sich sicher – zumindest annähernd – in einem Fallbeispiel wiedererkennen.

Um Ihnen nicht nur die Theorie über den Doodle, sondern auch praktische Erfahrungen an die Hand zu geben, erschien es mir richtig, diese Beispiele mit in das Buch für Sie aufzunehmen. Auch weil es mir wirklich eine große Freude bereitet, immer wieder mit anzusehen, welchen wichtigen Stellenwert jeder einzelne Doodle innerhalb seiner Familie einnehmen konnte.

Auch sollte Ihnen die Darstellung der einzelnen Doodle Typen, sowohl optisch als auch wesensmäßig, helfen, sich für den für Sie richtigen Doodle-Typ zu entscheiden. Für den Fall, dass es an dieser Stelle nun weitergeht mit dem Thema Doodle, wünsche ich Ihnen viel Freude bei der Suche nach dem richtigen Züchter und hoffe, dass Sie den passenden Doodle-Typ für sich finden werden.

Ihr Andreas Werner

Danksagung

Der Wunsch, ein Doodle-Buch zu schreiben, bestand bereits bei der Planung unseres ersten Wurfes. Allerdings wurden meine Anfragen an unterschiedliche Verlage stets abgelehnt. Die Begründung hierfür war immer, dass der Doodle sich bei uns nicht durchsetzen würde.

Danken möchte ich der Cadmos-Verlagsmitarbeiterin Anke Werner, selbst glückliche Doodle-Besitzerin, für die Herstellung des Kontaktes zu dem Verlag. Ebenso gilt mein Dank der Lektorin Johanna Esser, die von Anfang an den Gedanken an dieses Buch unterstützt und mich während der Arbeit daran fortlaufend begleitet hat.

Allerdings hätte ich auch ohne die Unterstützung meiner Eltern dieses Buch nicht schreiben können, denn durch deren stets souveräne Betreuung unserer Doodle-Interessenten ist es mir überhaupt erst möglich, neben der Arbeit mit den Hunden Projekte wie dieses Buch in Angriff zu nehmen. Daher gilt ihnen an dieser Stelle meine allergrößte Wertschätzung für ihre tägliche Unterstützung. Ebenso verhält es sich mit Bianca Humm, in deren Verantwortungsbereich die tägliche Versorgung der Hunde liegt und die mir somit den Rücken für die Arbeit an diesem Buch freigehalten hat.

Weiter vielen Dank für die freundschaftliche Unterstützung an: Jürgen Wittek, der sich zwischendurch immer mal wieder Zeit für ein Feedback nahm, und Vanessa Klein, die viele Stunden mit mir an diesem Buch gesessen hat. Ohne diese Hilfe wäre ich ganz sicher an der einen oder anderen Stelle nicht so richtig weitergekommen.

Alles in allem hat es mir viel Freude bereitet, an diesem Buch zu arbeiten. Wenn es Ihnen nun eine hilfreiche Unterstützung in Sachen Doodle ist, hat sich der ganze Einsatz dafür gelohnt.

Zu guter Letzt auch vielen lieben Dank an die Verfasser der Fallbeispiele, die dieses Buch damit wesentlich bereichert und es lebendiger gemacht haben.

Ihr Andreas Werner

Andreas Werner

Über den Autor

Andreas Werner beschäftigt sich seit seinem 14. Lebensjahr mit Hunden, 1990 entdeckte er seine Leidenschaft für den Labrador und den Golden Retriever und gründete kurz darauf die Zuchtstätte „Dogs of Golden Kennel". Er eröffnete ein Heimtierfachgeschäft mit Hundesalon und lernte in dieser Zeit die Vorzüge des Pudels kennen. Interessiert verfolgte er die gezielte Verpaarung zwischen Pudel und Labrador Retriever, die in Australien und den USA bereits erfolgreich praktiziert wurde. Es folgte eine Labradoodle-Studienreise in die USA, auf der es ihm gelang, einige Labradoodle für sein Zuchtvorhaben zu importieren. Kurz darauf gründete Andreas Werner den Labradoodle Club Deutschland e.V. und setzt sich seither für die Anerkennung des Ladradoodles als Rasse durch die FCI ein.

Weitere Informationen: **www.labradoodle-welpen.de**

Interessante Adressen

Andreas Werner
„Dogs of Golden Kennel"
Jerstedter Straße 17 - 19
38685 Langelsheim
www.labradoodle-welpen.de

Hundesalon Pudelwohl
Doodle-Pflege
An der Schule 5
31311 Uetze OT Katensen
www.hundesalon-pudelwohl.com

Verband für das
Deutsche Hundewesen (VDH) e.V.
Westfalendamm 174
44141 Dortmund
www.vdh.de

Stichwortregister

CADMOS
Hundebücher

Steffi Rumpf/Karin Pohl

Pudel

Ein idealer Familienhund, intelligenter Sportskamerad und leichtfüßiger Begleiter, mit dem man überall willkommen ist – das alles ist der Pudel! Und es gibt ihn auch noch in mindestens acht Farben und vier Größen. Da sollte für jeden Geschmack etwas dabei sein. Wer zu einem Pudel passt, was dem Pudel Spaß macht, wie die pudelgerechte Fellpflege aussieht und vieles mehr rund um diese vielseitige Rasse erfährt der Leser in diesem Buch.

80 Seiten, farbig, broschiert
ISBN 978-3-8404-2809-8

Nicole Röder

Du gehörst zu mir

Eine gute Bindung zwischen Mensch und Hund ist die Basis für ein glückliches Miteinander. Das ist kein Geheimnis. Doch wie gelingt es, diese Bindung aufzubauen und immer wieder zu stärken? Dieses Buch erklärt, welche Spielformen sich besonders positiv auf die Mensch-Hund-Beziehung auswirken und stellt eine große Auswahl von kreativen und leicht umsetzbaren Spielideen vor.

128 Seiten, farbig, broschiert
ISBN 978-3-8404-2001-6

Dr. Martin Bucksch

Wenn Futter krank macht

Immer mehr Hunde leiden an Futtermittelallergien und Futterunverträglichkeiten. Das Buch „Wenn Futter krank macht" soll Hundehaltern dabei helfen, Ursachen und Entstehungsmechanismen zu verstehen und vorhandene Krankheitszeichen interpretieren zu können.

80 Seiten, farbig, broschiert
ISBN 978-3-8404-2504-2

Heike E. Wagner

Golden Retriever

Dieses Buch beinhaltet alles Wissenswerte rund um den Golden Retriever, einer der beliebtesten Hunderassen. Das Buch spannt den Bogen von der Auswahl des richtigen Hundes bis hin zu den rassetypischen Erkrankungen über die Erziehung und Verwendung dieser Rasse.

96 Seiten, farbig, broschiert
ISBN 978-3-86127-750-7

Hildenbrand/Häußler

So klappt's mit dem Hund im Alltag

Der Erfolg einer Erziehungsmethode hängt in erster Linie davon ab, ob sie sich im Alltag verwirklichen lässt. Genau hier setzt das „Null-Fehler-Prinzip" an: Mit dem richtigen Management, vielen Freiheiten und klaren Grenzen wird der eigene Hund mit Spaß und ohne Stress zum angenehmen Begleiter. In diesem Buch zeigen die Autoren praktikable Wege aus der Miser

128 Seiten, farbig, broschie
ISBN 978-3-8404-2018-4

Cadmos Verlag GmbH · Möllner Straße 47 · 21493 Schwarzenbek
Telefon 04151 87 90 70 · Fax 04151 87 90 7-12
Besuchen Sie uns im Internet: www.cadmos.de

CADMOS